高等院校艺术设计类专业
案例式规划教材

建筑初步

■ 主 编 唐 云 刑 月
■ 副主编 熊 杰

华中科技大学出版社
http://www.hustp.com

ART DESIGN

内容提要

建筑初步是建筑设计、环境设计专业的入门课程，可解决专业设计的基本共性问题，启迪读者对建筑设计与环境设计的认识。本书共分 7 章，分别为建筑概述、中西方建筑基本知识、建筑形态构成、建筑模型制作与方法、建筑设计表达技法、建筑绘图、建筑设计入门等内容。本书采用图文结合的形式，图文并茂，深入浅出，便于初学者掌握。本书适合用作大中专院校建筑设计、艺术设计及相关专业教材，也是建筑设计师、环境设计师的必备参考读物。

图书在版编目（CIP）数据

建筑初步 / 唐云，刑月主编.—武汉：华中科技大学出版社，2017.9
高等院校艺术设计类专业案例式规划教材
ISBN 978-7-5680-2684-0

Ⅰ.①建… Ⅱ.①唐… ②刑… Ⅲ.①建筑学－高等学校－教材 Ⅳ.① TU

中国版本图书馆CIP数据核字（2017）第068077号

建筑初步
Jianzhu Chubu

唐云 刑月 主编

策划编辑： 金 紫
责任编辑： 易彩萍
封面设计： 原色设计
责任校对： 曾 婷
责任监印： 朱 玢
出版发行： 华中科技大学出版社（中国·武汉） 电话： （027）81321913
武汉市东湖新技术开发区华工科技园 邮编： 430223
录 排： 华中科技大学惠友文印中心
印 刷： 湖北新华印务有限公司
开 本： 880mm×1194mm 1/16
印 张： 10.5
字 数： 228 千字
版 次： 2017 年 9 月第 1 版第 1 次印刷
定 价： 49.80 元

前言
Preface

建筑是什么？

引用梁思成先生说的话：建筑就是人类盖的房子。相信这个说法已经通俗易懂了，但通俗不代表其蕴含的知识浅薄。在我们对建筑知之甚少的时候，我们要学习的就是建筑初步。建筑初步作为我们认识建筑的开端，涉及多个方面的内容，包括建筑的创作观念、建筑设计方法的启蒙教育等，具有深远的意义。而传统的教学内容可概括为两个层面：理论层面和实践层面。理论层面包括建筑的发展历程、功能类型、结构体系和空间形态。实践层面包括建筑的设计方法、表现技法和构造做法。知识总是随着时间的推进而更加完整，建筑的知识体系同样也随之变得更加全面。

在理论层面上，结合当代建筑发展现状，人们在追求物质享受的同时，也更加注重精神层面的需求。那么这就使建筑充满了生命力，说白了就是加强了建筑与外界的联系。例如因为更加考虑人的身心需求，就会设计更为人性化、更有人情味的建筑物，以加强其与人的联系。例如在保障人身安全的同时，既能通过现代设备提供稳定的供给保障的建筑物，又加强了其与现代科技的联系。又例如在设计一栋建筑物时，力求与环境的和谐，追求空间与形体的逻辑性，使建筑物与环境融合的同时，不乏个性，这便加强了建筑与自然的联系。一个设计师在设计建筑物的时候，这个建筑物就体现了设计师的思想，人与建筑相得益彰，也是其生命力的一种表现。

在实践层面上，建筑兼具社会属性和自然属性。面对全球化趋势和日渐恶化的生存环境，我们要点、线、面结合，综合考虑空间跨度上的民族、地域差异，时间跨度上的时代差异与历史延续性。结合自然环境考虑生态性，以及与地区气候、自然资源紧密相联的地域性。

理论为实践服务，实践是理论的来源。我们将理论与实践结合，结合案例，通过具体的情境，将隐性的知识外显，或将显性的知识内化。这样安排更符合认知规律，有助于激发学生的学习热情，让学生在了解建筑的基础上，掌握设计方法和表现技法。

建筑的发展也产生了许多新的问题，建筑教育仍然是一条长远的道路。而教育工作者的使命就是培养出具有敏锐洞察力和社会责任感的人才，如此，知识才能永不匮乏。

本书由唐云、刑月主编，熊杰为副主编，朱永杰参与编写。其中，唐云、刑月编写了第一章至第四章，熊杰编写了第五章及第六章，朱永杰编写了第七章，并整理了全书相关参考文献。

本书在编写中得到袁倩、杜海、万阳、汪俊林、王红英、王江泽、万丹、吴程程、吴方胜、吴巍、肖萍、肖亚丽、向江伟、徐莉、徐谦、闫永祥、叶伟等同事、同学的支持，感谢他们为此书提供图片等素材资料。

编者

目录
Contents

第一章
建 筑 概 述

学习难度：★★☆☆☆

重点概念：建筑概念、结构、空间

章节导读　建筑即建筑物与构筑物的总称，是人们为了满足社会生活需要，利用所掌握的物质技术手段，并运用一定的科学规律、风水理念和美学法则创造的人工环境。本章从建筑的认识、基本要素、发展历程以及建筑与环境的关系四个方面出发，通讨中央电视台总部大楼以及国家大剧院的案例讲解，帮助初学者认识和了解建筑。

知名建筑赏析

加拿大帝国商业银行

加拿大帝国商业银行 (图 1-1) 位于加拿大多伦多市 25 号国王西街，于 1931 年开放。它概括了这个城市所特有的庄严，它对商业的贡献是多伦多市市民的骄傲。这栋大楼建成的时候，是当地最高的建筑，且成为这座城市最受欢迎的建筑之一，特别是因为在其顶部有一个瞭望台，参观者可一览无遗地观赏城市风貌。

图 1-1　加拿大帝国商业银行

第一节　如何认识建筑

什么是建筑？我们在前言里说过。简而言之，建筑就是房子；复杂地说，建筑是用结构来表达思想的科学性艺术。在古代西方，建筑曾被视为"凝固的音乐""石头的史书"，到了现代，建筑又衍生为"人居单元"，甚至是"房屋机器"。伴随着时代的发展变迁，建筑的内涵也在不断更迭。

建筑是人们生活中最熟识的一种存在。住宅、教学楼、商场、博物馆等是建筑，纪念碑、候车厅、观光塔等也属于建筑的范畴。任何时候，人们都在使用着建筑，体验着建筑。从狭义上讲，建筑是提供室内空间的遮蔽物，它为人们居住、生活的环境提供了物质条件。但当我们仔细地体会和品味身边的建筑时，就会发现建筑物质形态背后蕴含着丰富的艺术、文化、社会内涵。因此从广义上讲，建筑是一种艺术形式，是一种文化状态，是一种社会结构的显现。意大利建筑史学家布鲁诺·泽维 (Bruno Zevi) 曾对建筑的意义做过如下描述，"建筑，几乎囊括了人类所关注事物的全部，若要确切地描述其发展过程，就等于是书写整个文化本身的历史"。建筑与自然、社会、政治、经济、技术、文化、行为、生理、心理、哲学、艺术、宗教等学科之间存在着各种各样复杂的联系。

一、建筑及其范围

住，是人类日常生活中的一个大问题。住就离不开房屋，建造房屋是人类最早的生产活动之一。早在原始社会，人们就开始用树枝、石头构筑巢穴以防风雨侵袭及野兽的威胁 (图 1-2)，这是最原始的建筑活动。

随着社会的前进，人们已经不再需要过分担心基础建筑，后来逐渐出现了宅院、花园、府邸、宫殿 (图 1-3) 等满足精神方面需求的建筑。人们开始考虑得全面，于是为生者亡后所"住"的陵墓，以及信仰崇拜的神所"住"的庙堂也随即产生。随着生产的发展，出现了作坊、工场以及现代化的大工厂。商品交换催生了钱庄、店铺乃至现代化的大商场、百货公司、银行、贸易中心。同时随着交通开始便利，出现了码头、驿站 (图 1-4)，直到如今的

图 1-2　原始部落"翁丁"

图 1-3　北京故宫

图 1-4　古代驿站

图 1-5　深圳机场

港口、车站、机场 (图 1-5)、地铁站 (图 1-6)。建筑伴随科学发展与文化发展并进，出现了私塾、书院，直至如今的学校、培训机构以及科学研究中心。

知名建筑赏析

上海轨道交通 8 号线车站

上海轨道交通 8 号线 (图 1-6) 是上海轨道交通网络中一条重要的市区级线路，途经虹口足球场、人民广场、世博会地区、浦江镇大型居住社区等多个重要区域和客流集散点，对引导城市合理布局、推动重点区域发展、支持上海市保障性住房建设、方便居民出行等有着重要作用。

从古至今，建筑形式不断演变，建筑类型也日渐丰富。总体说来，建筑的目的是取得一种人为的环境，但无论建筑怎样发展变化，其目的都是为了获得可利用的空间，以容纳人类某种特定的活动，空间是建筑的"主角"。某些含有艺术成分的特殊的工程，例如纪念碑 (图 1-7)、凯旋门以及桥梁 (图 1-8)、水坝都属于建筑的范围。

知名建筑赏析

马来西亚国家英雄纪念碑

马来西亚国家英雄纪念碑 (图 1-7) 是由著名雕刻大师 Felix de Weldon 设计的黄铜纪念碑，高达 15.54m，乃建于 1966 年，以纪念在混乱时期为国牺牲的英雄，也是全世界最庞大的独立雕刻品之一。

图 1-6　上海地铁站

图 1-7　马来西亚国家英雄纪念碑

3

图1-8 港珠澳跨海大桥

知名建筑赏析

港珠澳跨海大桥

　　港珠澳跨海大桥（图1-8）东接香港特别行政区，西接广东省珠海市和澳门特别行政区，是国家高速公路网珠江三角洲地区环线的组成部分和跨越伶仃洋海域的关键性工程，将形成连接珠江东西两岸的新的公路运输通道。

二、建筑与艺术

　　建筑从其起源起就具有了自身的艺术特征，历来被列入三大空间艺术（建筑、绘画、雕塑）的首位。人的一生绝大部分时间都是在与建筑有关的各种空间中度过的，因此，人们在要求建筑满足功能、使用合理的同时，也必然会对其寄予审美期望。任何建筑都是艺术的创造结晶，都与社会的意识形态、大众的审美选择紧密相连，只是知识表现形式与感染力度有所不同。建筑既满足人们的物质需要，又满足人们的精神需要。它既是一种技术产品，又是一种艺术创作。

　　在西方，建筑凭借自身的庞大力量展现着辉煌的艺术魅力（图1-9）。在东方，建筑以递进的院落组合表达了东方的含蓄之美（图1-10）。步入现代，建筑则呈多元化发展（图1-11），建筑通过形体与空间的塑造，能够为环境带来一定的艺术氛围（图

图1-9 捷克圣维特大教堂

图1-10 苏州拙政园

图 1-11　荷兰风车

图 1-12　美国旧金山金门大桥

1-12、图 1-13)。建筑所形成的艺术氛围能让人有不同的认知，或庄严、或亲切，或幽暗、或明朗，或沉闷、或神秘，或宁静、或活跃，这些就是建筑的艺术感染力。

知名建筑赏析

沙巴水上清真寺

马来西亚沙巴县亚庇市水上清真寺 (图 1-13) 是一座典型的当代伊斯兰教建筑，是马来西亚国内夕阳景观最壮丽的教堂之一。这座清真寺占地 10000m²，于 1997 年建成，可容纳 9720 ~ 12000 名教徒祈祷。它建于里卡士湾的人造湖上，远望感觉有如浮在水面上。

三、建筑与社会

建筑，容纳了人类的各项生活活动，反映着人与人的集合社会，同时也表现出人和社会的各种现实和诸多观念。

因此，建筑设计和建筑研究关注的重点应包括人的生理、心理、伦理和哲学等特征，以及社会层次上的诸多物质现象与意识形态。利用和发展积极的影响内容，避免或弱化消极的组成因素，最终实现人、

图 1-13　沙巴水上清真寺

建筑、环境三者之间的和谐共生，保证建筑能被人所用，这是建筑设计的宗旨。

第二节　建筑的基本要素

公元前 1 世纪，罗马著名建筑师维特鲁威曾经称"实用、坚固、美观"为构成建筑的三要素。这体现了建筑的三个重要属性：适用性、技术性和艺术性。

一、建筑的功能与适用性

功能作为建筑构成要素，指导、决定建筑的规模、形式，甚至造型。功能是建筑艺术区别于其他艺术的首要特征。建筑的价值中很重要的一部分取决于它对功能的满足程度。建筑可以按不同的使用要求，分为居住、交通、教育、医疗、娱乐等众多类型，但无论哪种类型都应该满足以下基本功能。

1. 人体尺度与生理需求

为了满足人的使用活动需求，建筑需满足人体活动的基本尺度。人体基本尺度属于人体工程学研究的最基本数据之一。通过研究人体在环境中对各种物理、化学因素的反应和适应力，分析环境因素对生理、心理以及工作效率的影响程度，确定人在生活、生产等活动中所处的各种环境的舒适范围和安全限度，从而确定人体的基本动作尺度。我们首先熟悉一下人体活动的一些基本尺度名称（图 1-14）。

人对建筑物的生理要求主要包括朝向、保温、防潮、隔热、隔声、通风、采光、照明等方面的基本要求，并通过辅助手段来满足某些特定空间的防尘、防震、恒温、恒湿等特殊要求。根据使用功能的不同，对建筑朝向和开窗的处理也不同。例如起居室、幼儿活动室、病房等，为争取好的朝向和较多阳光，并且注意通风，可选择

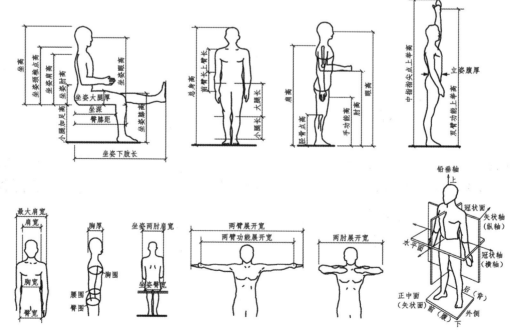

图 1-14　人体活动基本尺度名称图

朝南。而实验室、书库等应避免阳光直射，选择朝北。随着现代技术的发展，这些要求已经能够在建筑过程中基本得到满足。

2. 人的活动对空间的要求

建筑功能的满足，主要表现在人能在其中实现其行为活动，而不同的行为需要不同的功能空间来予以满足。日常生活所需的起居、烹饪、洗漱及储藏功能，因其功能不同，这些房间在大小、形状、朝向和门窗设置上都有各自不同的尺寸。

3. 建筑流线空间

建筑流线空间主要包括两方面的含义。其一是实际使用建筑时所要求的具体通行能力，在建筑设计规范中就对疏散通道每股人流的宽度，电梯、自动扶梯的运输能力等均有规定；规范对中小学走廊乃至教室门扇的宽度等也有具体的条文规定。其二是应顾及人在心理或视觉上的主观感受，如对建筑的主要入口或重要场所的入口加以强调，对主要通道和次要通道的建筑处理有所区别等。

有些建筑的使用是按照一定的顺序和路线进行的（图 1-15、图 1-16），为保证人们活动的有序和顺畅，建筑的流线组织

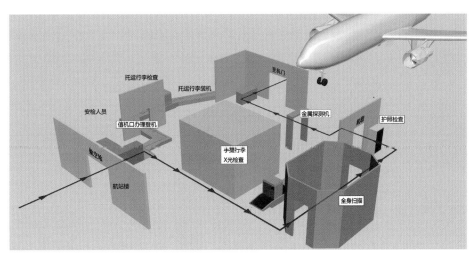

图 1-15 机场安全检测流程图

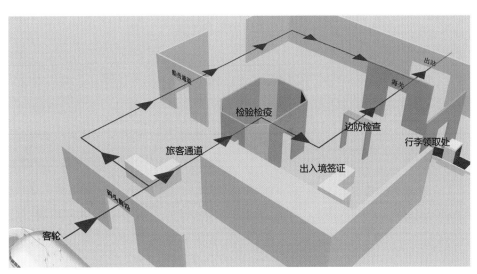

图 1-16 客轮安全检测流程图

和疏散效率显得十分重要。如交通建筑设计的中心问题就是考虑旅客的活动规律，以及整个活动顺序中不同环节的功能特点和不同要求。

二、建筑的技术性

每一种动物都以一定的方式构筑自己的生存空间，例如蜘蛛结网、蚕虫作茧、燕子筑巢、蚂蚁堆砌蚁丘，人类更是如此。

小/贴/士

建筑使用空间应具备的条件

(1) 大小和形状。这是空间使用最根本的要求，如一间卧室需要十几平方米的矩形空间，而一个观众厅则可能需要 1000m²，并且需要以特殊的形状来满足视听要求。

(2) 空间围护。由于围护要素的存在，才能使得这一使用空间与其他空间区别开来，它们可以是实体的墙，透明或透空的隔断，也可以是柱子等。

(3) 活动需求。使用空间中所进行的活动，决定了它的规模大小以及动静程度等，如起居室，应满足居家休息、看电视、弹琴等日常活动的需求，而一个综合排练厅，则应满足戏曲、舞蹈、演唱等多种活动的要求。

(4) 空间联系。某一使用空间如何与其他空间进行联系，是通过门或券洞、门洞，或是利用其他过渡性措施，如廊子、通道和过厅等，其封闭或开敞的程度如何，也是联系强弱的重要体现。

(5) 技术设备。对于空间的使用，有时需要某种技术设备的支持，以满足通风、特殊的采光照明、温度、湿度等要求，如学校建筑中的美术教室、化学试验室、语言教室等都是具有特殊功能的空间。

因此，为人类生产生活提供安全的场所，是建筑最基本的目标，也是建筑的技术性的本质。

1. 建筑结构

结构是建筑物的骨架，对建筑的造型和形式影响深远。美国著名建筑师肯尼思·弗兰普顿说过："建筑的根本在于建造，在于建筑师应用材料并将之构筑成整体的创作过程和方法。建构应对建筑的结构和构造进行表现，甚至是直接的表现，这才是符合建筑文化的。"结构是建筑设计中必须遵循的法则，它为建筑提供合乎实用的空间并承受建筑的全部荷载，抵抗各种天气变化及地理环境变化对建筑物的侵蚀和破坏，例如风雪、地震、土壤塌陷、温度变化等因素。因此，结

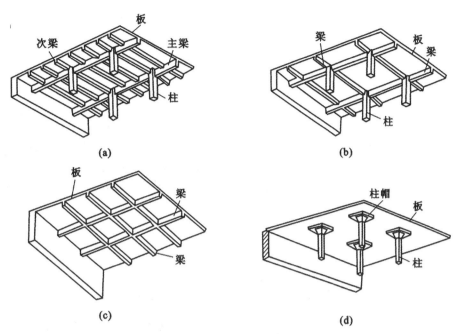

图 1-17　梁板结构

构的坚固程度决定着建筑的安全和寿命，也与人的生命安全与财产安全息息相关。

以墙和柱承重的梁板结构（图 1-17）是最古老的结构体系，至今仍在沿用。它由两类基本构件组成，一类构件是墙柱，一类是梁板。其最大特点是墙体本身既起到围合分隔空间的作用，同时又要承担屋面的荷载，因此，一般不可能获得较大空间。而框架结构（图 1-18）也是一种广义的结构体系，它包含梁板结构，其荷载及构件自重的传递过程是：由楼板传递给梁，经梁传给柱，由柱传给柱基，再由柱基传给土地。它的最大特点是承重的骨架和围护、分隔空间的墙体明确分开，墙体不承重，位置可改变，因此可以获得较大的使用空间。现代的钢筋混凝土框架结构普遍采用这种结构体系（图 1-18）。

伴随着近代材料科学的发展和结构力学的兴起，相继出现了桁架结构（图 1-19）、钢架结构（图 1-20）和悬挑结构（图 1-21），这些结构大大增加了空间的体量。第二次世界大战结束后，受仿生学影响，建筑结构中又出现了壳体结构（图 1-22）。壳体结构外形来自于贝壳，外形合理、稳定性好，可以覆盖很大的面积。新型结构中还有折板结构（图 1-23）、网架结构（图 1-24）和悬索结构（图 1-25），都大大发挥了材料自重轻、强度高的特性。另外充气膜结构（图 1-26）与张拉膜结构（图 1-27）也逐渐出现在人们的视野里。

知名建筑赏析

高雄捷运车站

台湾省高雄都会区大众捷运系统是台湾第二个营运的大众捷运系统，以高雄市为中心，同时向高雄县等县市提供服务。车站采用桁架钢结构顶棚（图 1-19），于 2008 年通车营运。

图 1-18　框架结构

图 1-22　壳体结构

图 1-19　高雄捷运车站

图 1-23　折板结构

图 1-20　钢架结构

图 1-24　网架结构

图 1-21　悬挑结构

图 1-25　悬索结构

图 1-26　充气膜结构

图 1-27　张拉膜结构

2. 建筑材料

建筑材料对于建筑的发展有着重要的意义。砖的出现，使拱券结构得以发展；钢筋和水泥的出现促进了高层框架结构和大跨度空间结构的发展；塑胶材料则带来了面目全新的充气式建筑。同样，材料对建筑的装修和构造也十分重要，玻璃的出现给建筑的采光带来了方便，各种新型材料的装饰面板也正在取代各种抹灰的湿操作。建筑材料品种甚多，为了"材尽其用"，首先应了解建筑对材料有哪些要求及各种不同材料的特性。那些强度大、自重小、性能高和易于加工的材料是现代理想的建筑材料。

越来越多的复合材料正在出现，中国国家游泳中心，又称为"水立方"（图1-28、图1-29)，外表面采用的 ETFE 膜材料（乙烯 - 四氟乙烯共聚物）是一种新型轻质高分子复合材料，具有优良的热学性能和透光性，是现代大跨度外墙材料的使用趋势。新型建筑材料强化了传统建筑材料的性能。对建筑设计者而言，随时关注科技的发展，才能在建筑设计过程中创造出更新颖合理的建筑空间。

图 1-28　中国国家游泳中心建筑

图 1-29　中国国家游泳中心外墙局部

知名建筑赏析

中国国家游泳中心

中国国家游泳中心(图 1-28、图 1-29)又称"水立方"(Water Cube),位于北京奥林匹克公园内,是北京为 2008 年夏季奥运会修建的主游泳馆,也是 2008 年北京奥运会的标志性建筑物之一。总建筑面积为 65000 ~ 80000 m^2,其中地下部分的建筑面积不少于 15000 m^2,长、宽、高分别为 177 m、177 m、30 m。

最引人注意的就是外围形似水泡的 ETFE 膜。ETFE 膜是一种透明膜,能为场馆内带来更多的自然光,它的内部是一个多层楼建筑,对称排列的大看台视野开阔,馆内乳白色的建筑与碧蓝的水池相映成趣。

3. 建筑施工

建筑只有通过施工,才能把设计变为现实。建筑施工一般分为两个环节:一是施工技术,包括人的操作熟练程度、施工工具和机械、施工方法等;二是施工组织,涉及材料的运输、进度安排、人力调配等。

由于建筑体量庞大,类型众多,同时又具有艺术创作的特点,几个世纪以来,建筑施工一直处于手工业或半手工业状态。近几十年来,建筑才开始了机械化、工厂化和装配化的进程。机械化和工厂化可以大大提高建筑施工的速度,但它们必须以设计的定型化为前提。我国一些大中城市中的民用建筑,正逐步形成了设计与施工配套的全装配大板、框架挂板、现浇大模板等工业化体系(图 1-30)。

建筑设计中的一切意图和设想,最后都要受到施工的检验。因此,设计工作者不但要在设计工作之前周密考虑建筑的施工方案,而且还应该经常深入现场,了解施工情况,以便协同施工单位,及时解决

图 1-30 建筑施工模板制作

图 1-31 排水工程

图 1-32 电气工程

图 1-33 暖通工程

施工过程中可能出现的各种问题。

4. 建筑设备

建筑设备涵盖暖通、电气、给排水等工种。其中,给排水工程(图 1-31)主要包括清洁水的供给、污水废水的净化与排放、雨水收集、中水利用、消防供水等;电气工程(图 1-32)主要是电力供给、自动控制、电信等工程;暖通工程(图1-33)包括空气的制冷和加热、新鲜空气补给和废气、烟气排放等。

5. 建筑节能

在建筑设计中考虑环境保护、降低能耗、可持续发展,已是当今建筑设计的基本要求,针对节能所设计的一体化建筑层出不穷。常用的节能方式有自然通风采光、墙体及屋面保温隔热、太阳能利用(图

1-34)、水循环利用、地下冷热源利用、能源错峰利用、建筑材料再生利用等。

图 1-34 建筑太阳能采光板

第三节 建筑与环境

随着全球化的发展,与建筑有关的社会问题、自然问题日渐凸显。建筑这种

物质产品除了它自身就是一种人为的环境外，它又时刻也脱离不了周围的环境。我们应该把建筑、人、环境看做是一个不可分割的整体，脱离了人对环境的需求，建筑也就失去了意义。我们不仅要了解建筑本身，还要从不同角度去看待建筑，才能全面地了解建筑学。

一、建筑与社会环境

1. 相对性与整体性

任何建筑环境都是相对于一定的内容而言的，如居室中的家具、门窗、隔声、保温等构成居室的环境内容；居室和餐室、厨房等构成住宅的环境内容；众多的住宅和其他服务设施如小学、商店等以及交通、绿化等又构成居住区的环境内容，因此建筑师所面临的每个具体工作都有其相对完整的意义。而从整体意义来看，居室和住宅又都分别是住宅和居住区这个更大环境层次中的局部，没有局部就没有整体。同时局部又是隶属于整体的，脱离了整体也就失去了对局部环境的评判标准。

当我们评论任何一项建筑设计时，不能脱离开它与周围的建筑、交通组织、绿化、景观等环境条件的关系。在一定的情况下，局部和整体还可能会存在这样或那样的矛盾，因此，在当前建筑学内部分工日趋精细的情况下，树立整体环境意识，处理好局部与整体的关系，显得尤为重要（图1-35、图1-36）。

2. 民族性

不同民族在宗教信仰和伦理观念等方面会存在着差异，这些不同点在建筑中也有相应的体现。当我们看到大坡屋顶、木构架、石台基时，会识别出这是我国的传统建筑，这样的建筑便成为了中华民族的一个符号，具有了民族性。

不同民族的宗教特征在建筑上的体现非常明显，建筑常常被赋予传达教义的使命。印度佛教建筑与我国的佛教建筑差异悬殊。而我国佛教经过与儒家、道家思想的融合，体现出现实的、理性的一面，因而我国佛教建筑与世俗建筑形式相近。

不同教派的宗教建筑在色彩、形制、装饰等方面都存在较大差异；欧洲中世纪出现了东、西两大教派，东欧信仰东正教，

图1-35 商品房建筑鸟瞰图

图1-36 别墅绿化效果图

西欧主要为天主教，两大教派的教堂建筑也体现出明显不同的形态 (图 1–37、图 1–38)。

知名建筑赏析

俄罗斯莫斯科克里姆林宫

克里姆林宫 (图 1–37) 是一组建筑群，位于莫斯科的心脏地带，是俄罗斯联邦的象征、总统府的所在地。保持至今的围墙长 2235 m，厚 6 m，高 14 m，围墙上有塔楼 18 座，参差错落地分布在三角形宫墙上，其中最壮观、最著名的要属带有鸣钟的救世主塔楼。5 座最大的城门塔楼和箭楼装上了红宝石五角星，这就是人们所说的克里姆林宫红星。克里姆林宫享有"世界第八奇景"的美誉。

知名建筑赏析

意大利米兰大教堂

意大利米兰大教堂 (图 1–38) 是意大利著名的天主教堂，又称杜莫主教堂、多魔大教堂，位于意大利米兰市，是米兰的主座教堂，也是世界五大教堂之一，规模居世界第二。于公元 1386 年开工建造，1500 年完成拱顶，1774 年中央塔上的镀金圣母玛丽亚雕像就位。1965 年完工，历时五个世纪。它不仅是米兰的象征，也是米兰市的中心。

西方希腊时期的伦理观承认个人的价值，具有明显的人本主义特征。在这一伦理思想的影响下，神庙的柱式均以仿效人体比例为美，雕塑、绘画等装饰艺术也常以人体为素材，塑造出各种惟妙惟肖的艺术形象。而中世纪宣扬存天理、灭人欲，强调神的旨意，教会作为神的化身具有最高统治权，这一时期的建筑为了接近上帝而追求垂直高度的极限。

3. 历史性

建筑环境的存在离不开一定的时间范畴，在人类的文化历史中，建筑被认为是最永恒的一种表现形式。单幢建筑如此，它所在的村镇、城市或地区更是伴随着一定的历史脚步，经过长时期的生活积淀，从社会习俗、文化艺术、宗教信仰、思想意识乃至政权更迭等各个方面，影响和充实着环境的内涵。

建筑作为社会行为的结果，其营建过程必然受到社会政治、经济、文化、技术水平甚至军事的影响，因此建筑物便有

图 1–37　俄罗斯莫斯科克里姆林宫

图 1–38　意大利米兰大教堂

15

了类似文字和绘画的"记录"功能，人们用建筑语言来书写特定时段的人类文明。人们在经历了现代建筑运动的广泛实践之后，逐渐对国际式的千篇一律日益担心，让我们不禁重新反思建筑的人文含义。尊重历史，处理好创新与继承的关系仍然是当今建筑学发展中的一个重要课题。追溯我国近代建筑的发展历程，伴随着西方强势文明的冲击，不少建筑师为文化的融合做出了努力，例如，现代主义精神与岭南地域特点以及庭院文化相结合（图1-39），中山陵的设计中巧妙地将中式陵园空间与现代建筑材料相结合（图1-40）。对历史的重视并不意味着仅仅是对过去形式上的模仿，更不是说以前已有的东西都不能进行更新或改造，而是要因地制宜，具体问题应具体对待。

二、建筑与自然环境

建筑发展到如今，与自然之间的关系也越来越深，随着全球化的发展，环境问题成为人们共同重视的问题。

1. 生态性

建筑作为人类生活的背景幕，对资源的消耗和对环境的污染是超乎常人想象的。根据欧洲建筑师协会的估计，全球的建筑相关产业消耗了50%的地球能源，包括50%的水资源、40%的原材料、80%的农业损失，同时产生了全球污染中50%的空气污染、42%的温室气体、50%的水污染、48%的固体废弃物。显然建筑已成为具有全球性影响的生态学的研究对象。一方面建筑消耗着资源，一方面建筑又污染着环境。

我国政府积极鼓励城市建筑采用钢筋混凝土构造以替代粘土砖构造，然而近几年钢筋混凝土建筑对于砂石的大量需求，已对环境造成了严重的破坏。工业的高速发展和大规模的开发建设，消耗着大量的资源，还包括矿藏、森林、大气、水、土地等，造成了地球资源的全面匮乏（图1-41）。

建筑有高污染、高耗能的特性，其一砖一瓦，甚至一块玻璃都是污染的源头。以太湖边的湖州市为上海的建设大量开采石材为例，仅"水冲石矿"这一开采工序，每年就要产生500万吨泥沙和石屑，这些

图 1-39　广州大学城岭南印象园

图 1-40　中山陵正面

废弃物或直接堆积成山，或直接排入太湖和黄浦江，使得山林破坏、水体污染、空气粉尘含量严重超标等现象屡有发生。除去生产建筑材料的污染过程，建筑的营建过程和拆除过程污染也非常严重。拆除阶段产生的固体废弃物，不但对人体危害不浅，还加大了废弃物处理的负担，甚至许多无良厂商随意倾倒建筑垃圾，使环境受到严重的污染（图1-42）。

如何在建筑中从生态平衡出发，走可持续发展道路，既为人类提供舒适的生活环境，又能做到合理利用和保护自然资源，已经受到国际建筑界的普遍重视。大自然是一个物质和能量循环、能量再生的生态系统，人类是地球生态循环的重要环节，只有改善建筑对资源的高消耗和低利用率，建筑的生态性才能得以彰显。

2. 地域性

建筑与地域内的气候状况、自然资源、地域文化等因素息息相关。在技术不发达的古代，尤为明显。从而使不同地区的建筑表现出一定的特征，这就是建筑地域性的表现。

（1）气候因素。寒冷的地区住宅通常比较集中，且外形大多做成方正、浑圆、平整的造型，内部空间围绕着采暖的壁炉而设（图1-43）。湿热地区的住宅则围以大片的树荫，并保证充分的通风（图1-44）。

图1-41　石料开采场

图1-43　陕西延安窑洞

图1-42　建筑拆除

图1-44　普宁农村传统民居

图1-45 湖南湘西凤凰吊脚楼

图1-46 杭州乌镇

知名建筑赏析

延安窑洞是陕西省的地方传统民居形式之一。具有十分独特的地方民俗文化和民族风情。延安的窑洞分土窑洞，砖窑洞和石窑洞。石窑洞是用石条或砖做成的，坚固而舒适。

(2) 资源因素。自然资源方面，建筑地域性体现为因地制宜。我国西南山区的木构建筑，充分利用了当地丰富的木材资源。例如湖南湘西吊脚楼（图1-45），其与起伏不平的山地融为一体，独成一道风景。而在埃及，无论是金字塔还是祭祀建筑都采用石材筑成。不可否认，流传至今的本土建筑才最适合当地的地域特征。

(3) 文化因素。在这个多元化的社会，建筑的地域性还被赋予了广泛的社会和文化内涵。中世纪的欧洲修道院依照生态原则开垦土地、生产粮食，人性地饲养动物，用当地的材料建造房屋，汲水并循环使用，遵循着与自然和谐相处的生存方式。一些小城镇和发展滞后的地区，还留存着这样一种自然而然的生活，正是这种根植于自然的人文气息，令人对乌镇（图1-46）、婺源（图1-47）、陶尔米纳（图1-48）这样的古镇流连忘返。毋庸置疑，脱离了文化，仅限于节约资源的建筑必定是索然无味的。

图1-47 婺源江岭

图1-48 陶尔米纳古镇

搜集、查阅国内外知名建筑的必要性

在日常学习中，不断搜集国内外知名建筑，可以丰富个人的知识体系，开拓视野。对比身边的现代建筑，我们不难发现，很多现代设计元素都来自于历史，这是入门的捷径。同时，我们在学习别的地区的建筑文化时，不可一味抄袭，毕竟适合自己的才是最好的，否则只是东施效颦，惹人耻笑。

第四节 案例分析

一、中国中央电视台总部大楼

1. 建筑概况

中央电视台总部大楼（图 1-49)，位于北京商务中心区。内含央视总部大楼、电视文化中心、服务楼、庆典广场。由德国人奥雷·舍人和荷兰人库哈斯带领的大都会建筑事务所设计。用地面积总计 187000 m²，总建筑面积约 550000 m²，建筑高约 230 m，钢结构总重为 120000 吨，工程建设总投资约 200 亿元。

中央电视台总部大楼建筑外形前卫，被美国《时代》杂志评选为 2007 年"世界十大建筑奇迹"、2013 年被评为"全球最佳高层建筑奖"。这座建筑因为被北京市市民称为"大裤衩"而家喻户晓，开启了民众给标志性建筑起外号的先河（图 1-50)。

中央电视台总部大楼从痴迷于高度竞赛、自成一统的、过往的摩天大楼模式中杀将出来，形成现代的追求雕塑感和空间感，同时成为城市天际线一部分的高层建筑。其令人惊叹的形式强大而又充满张力，仿佛几股力量朝各方拉伸，预示着大楼所容纳的多元功能，以及这个国家在世界舞台上的角色。独特的建筑设计与北京的传

图 1-49 中央电视台总部大楼

图 1-50 中央电视台大楼远景

图1-51　央视大楼与周围建筑对比

图1-52　央视大楼夜景

统建筑风格形成鲜明的对比，但绝对不会被同质化以及归类（图1-51、图1-52）。

2. 建造过程

央视新址悬臂钢结构即两栋主塔楼分别以大跨度外伸部分在162 m以上高空悬挑75.165 m和67.165 m，然后折形相交对接，在大楼顶部形成折形门式结构体系。悬臂共14层、宽39.1 m、高56 m，用钢量为1.8万吨，相当于将中国第一钢厦深圳发展中心悬空建造，施工难度显而易见。为打胜这场史无前例的攻坚战，中建

总公司及总承包项目部根据悬臂钢结构的体型特征、重量及施工需要等，确立了"两塔悬臂分离，逐步阶梯延伸，空中阶段合龙"的安装方式，最终确保了悬臂钢结构一次性成功合龙（图1-53至图1-56）。

3. 建造品质

(1) 圆形结构安全坚固。中央电视台总部大楼的主要结构形态是一个由交叉三角形网状表面包裹的菱形圆。它具有优良的刚性、超静定性、坚固性和抗扭性，是安全可行的。

(2) 造型与功能兼备。大楼的灵魂实际上是一个环线的设计，这从一开始就被认为是要保持和贯彻的。环线连通地面部

图1-53　建造过程（一）

图1-54　建造过程（二）

图1-55 建造过程(三)

图1-56 建造过程(四)

分和地下部分,两个L形,一个在地面,一个不可见,6 m高的平台以及地下三层是演播室集中的地方,央视运转所需的节目制作、直播、办公等功能因环路的存在而联系在一起,就像人的身体,手脑连通,大楼的形体和功能有着恰当的关系。

(3)抗震性能达到9级。自从中央电视台新台址设计方案确定后,虽然通过了8级抗震性能测定,但有抗震专家提出了许多意见,并且指出如果要提高抗震水平,造价就可能会翻倍。最终,这个被认为是以突破常规造型的"挑战地球引力"建筑,为了保证建筑的绝对安全,工程造价从50亿元人民币提高到100亿元人民币,建筑的抗震烈度从7度上升到了9度。

4. 蕴含理念

通过一个环行的设计,把电视台丰富的功能能够很顺畅地连接起来。这个建筑从不同的角度看各有不同,营造了一个丰富的视觉效果。中央电视台总部大楼(图1-57)和周围的环境也会产生一定的互动。

图1-57 中央电视台大楼落成

现代建筑向前看

现代设计的一个重要原则是"以人为本"。现代建筑设计虽然要符合当地人文、风情、地域特征,但是也要具有强烈的时代感。因此,建筑设计不能一味抄袭旧的设计风格,而应该有所创新。以发展的眼光来寻求代表进步和未来的建筑设计理念。进入21世纪以来,我国出现了很多现代建筑,褒贬各异,要从长远眼光来审视,用积极的态度去学习,才能得到提高。

二、中国国家大剧院

1. 建筑概况

中国国家大剧院（图 1-58）位于北京市中心天安门广场西侧，是中国国家表演艺术的最高殿堂，中外文化交流的最大平台，中国文化创意产业的重要基地。

从国家大剧院第一次立项到正式运营，经历了 49 年，设计方案经历了三次竞标、两次修改，总造价为 30.67 亿元。由法国建筑师保罗·安德鲁主持设计，设计方为法国巴黎机场公司。占地 118900 m²，总建筑面积约 165000 m²，其中主体建筑有 105000 m²，地下附属设施有 60000 m²。设有歌剧院、音乐厅、戏剧场以及艺术展厅、艺术交流中心、音像商店等配套设施。作为新北京十六景之一的地标性建筑，国家大剧院造型独特的主体结构，一池清澈见底的湖水，以及外围大面积的绿地、树木和花卉，不仅极大改善了周围地区的生态环境，更体现了人与人，人与艺术，人与自然和谐共融、相得益彰的理念。

2. 建造难题

（1）超深基础施工。大剧院地基最深处达 32.5 m，是目前全国公共建筑中基础最深的，对防水、抗浮及支撑防护有很高的要求。施工人员打造了一道 60 m 深的"地下连续墙"，即用混凝土从最高地下水位直到地下 60 m 岩石层处，砌了一道密封的地下隔水墙，将地基围得严严实实，像一个巨大的"水桶"，水泵就在"水桶"里面抽水。这样，无论地基里怎么抽水，隔水墙外地下水也不会受施工影响，人民大会堂地基土壤层的地下水也就不会受到丝毫影响。

（2）钢网架结构（图 1-59、图 1-60）。大剧院的屋顶是个椭圆大穹体，其内部骨架由钢结构焊接而成，东西轴跨度为 212 m、南北轴跨度为 144 m，周长达 6000 m 以上，可以将北京工人体育场整个罩住，钢架结构重达 6750 吨，是国内建筑之最。这样一个钢网架结构的施工难度极大，对其不变形、稳定性、抗风载、抗荷载、抗震等各方面都提出了很高的要

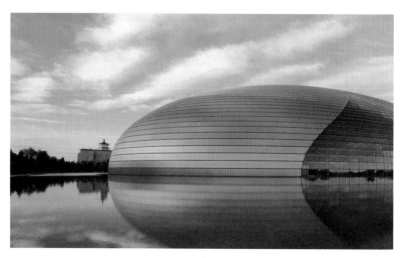

图 1-58　国家大剧院远景

图1-59 钢网架结构（一）

图1-60 钢网架结构（二）

求。由于在国内从未有过这样巨型的钢网架结构施工的经验，只能在摸索中解决问题（图1-61）。

（3）屋面的安装（图1-62）。大剧院的屋面有36000 m²，主要由钛金属板和玻璃板拼装而成。钛金属强度大、耐腐蚀，且色泽好，是一种主要用于制造飞机等航空器的金属材料。屋面由10000多块约2 m²大小的钛板拼装而成。由于安装

角度总在变化，每一块钛板都是一个双曲面，面积、尺寸、曲率都不同。钛金属板的厚度只有0.44 mm，既轻且薄，如同一张薄薄的纸，因此下面必须有一个由复合材料制成的衬层，每一块衬层也将切割成与其上的钛金属板同样的大小，因此这项建造工作的工作量和工作难度都极大（图1-63、图1-64）。

（4）水的处理。建成后的国家大剧院，

图1-61 国家大剧院内部走道

图1-62 国家大剧院外墙

图 1-63 国家大剧院内部（一）

图 1-64 国家大剧院内部（二）

四周是碧波荡漾的水池，柔和的具有金属光泽的壳体在夜晚将被灯光映衬，与波光粼粼的水面交相辉映，景色壮观而富有想象力。但如果冬天水要结冰，光秃秃的冰面多少有点煞风景；夏天水藻疯长，一池清水很容易变成一锅"绿汤"。因此如何让水池里的水"冬天不结冰，夏天不长藻"，控制水池水温成了解决这个问题的关键。中央液态冷热源环境系统很好地解决了大剧院控制水景相对温度的难题。就是利用地下水的温差来进行热交换，可以始终将露天巨型水池的水温控制在几摄氏度左右，既环保，耗能又少，水池"冬天水不冻，夏天不长藻"的目标基本实现（图1-65）。

3. 建造品质

（1）水池防水。采用的高性能喷涂聚脲弹性体新型防水材料，该材料具有超强的防水、防腐、接缝、密封、绝缘、抗辐射等功能，无溶剂、无污染。

（2）大剧院水面冬不结冰。采用可再生、浅层的低温热能达到水面不冻的效果，最终的效果将达到 35000 m² 的露天水面，冬季不结冰。

（3）超大、超厚玻璃幕墙。在剧院大厅，有一条由 6000 m² 的大玻璃幕墙围起的通道，这块幕墙形状像透明的水滴，厚度是普通家用玻璃的 6 倍，有 600 mm。幕墙采用最先进的钢化和加胶技术处理，抗震强，安全性大。

（4）巨型壳体屋面。大剧院 38000 m² 的壳体屋面，由两万多块耐腐蚀的钛金属板和 1200 多块大小不等的有色玻璃组成。屋面已经使用了先进的纳米材料自洁系统，这些特殊的纳米材料涂在壳体外面，保证了表面不吸附水珠、灰尘、烟尘。

4. 设计理念

国家大剧院作为我国最高艺术表演中心，其内部三个剧场的内部装饰和舞台机械、灯光音响方面将采用世界一流水准的专业设备。国家大剧院是具有世界一流水平的大型艺术殿堂，其建设对我国的各类艺术场馆具有一定的示范效应和品牌效应。大胆的椭圆形外观和四周的水面构成了一个水上明珠式的建筑造型，新颖、前卫、构思独特，整体上体现了 21 世纪世界标志性建筑的特点，堪称传统与现代、浪漫与现实的完美结合（图1-66）。

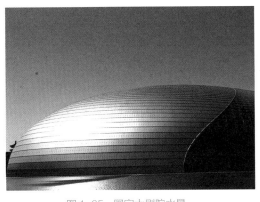
图 1-65　国家大剧院水景

图 1-66　国家大剧院全景

思考与练习

(1) 建筑的含义是什么?

(2) 建筑的基本要素有哪些?

(3) 分析建筑与空间的关系。

(4) 观察所在地区的建筑,写一篇考察分析报告。

第二章
中西方建筑基本知识

学习难度：★★★☆☆

重点概念：木质结构、石制材料、建筑革新

章节导读

　　传统的世界建筑体系多姿多彩，承载着不同区域的不同文化、不同信念。从总体上看，传统的世界建筑可以分为七个体系：欧洲建筑、中国建筑、古埃及建筑、伊斯兰建筑、古代西亚建筑、古代印度建筑、古代美洲建筑。从传统建筑的细节方面来说，传统的中西方建筑的差异主要有材料方面的差异、建筑结构的差异、建筑布局的差异以及建筑观念的差异。造成中西方传统建筑差异的主要原因是中西方建筑文化的差异。中国古代建筑具有精巧的木质建筑结构，讲究的是对称美，有着与儒家思想相结合的建筑理念。西方的建筑同样有自身在各个时期独特的建筑风格，记录历史的每个时代，从而绽放出璀璨的光辉。通过对中西方建筑差异的比较，可察觉到中西方建筑各自在观念文化、制度文化、物质文化上的差异性和优越性。

28

知名建筑赏析

纽约新当代艺术博物馆

由日本著名建筑师Kazuyo Sejima 和 Ryue Nishizawa(SANAA) 设计的纽约新当代艺术博物馆 (New Museum of Contemporary Art) 是曼哈顿市中心第一座大型的艺术博物馆 (图 2-1),总共 7 层楼,形如不同偏向的盒子叠加而成,亮白的外衣、银色镀铝的金属网格,能够看到城市街景的窗户和天窗点缀其间。这个面积为 60000 m^2 的建筑内设有画廊展厅、剧院、咖啡厅、商店、教育区以及多重的屋顶阳台等。犹如六个错落的盒子堆砌而成的博物馆在曼哈顿街头提醒着在此过往的人们,纽约不只是一个物质生活的天堂。每一个"盒子"都有不同的楼层面积和天花板高度,这是为了营造不同高度和气氛的开放、灵活的展览空间。

第一节　中国古代建筑

中国古代建筑历经朝代更迭、岁月的洗礼,演化进程连续而缓慢。在现世、现实的观念指引下,始终延续了以木构架为主体的建筑体系。

一、史前建筑

伴随原始人群的繁衍、发展,史前建筑孕育而生,该时期建筑按所属地域和建筑形态可分为巢居、穴居两类。其中,巢居以距今 7000 余年的浙江余姚河姆渡村 (图 2-2) 为代表,其特征是应用榫卯结构,表明了技术的长足进步。穴居以距今 5000 余年的陕西西安半坡村遗址 (图 2-3) 为代表,其特征是采用套间式的布局模式,反映了家庭私有制的出现。

二、商周

对于殷商的起源地,还没有确切的答案,其中以河南偃师一带的可能性最大。观察在今河南偃师二里头发现的殷商宫殿

图 2-2　浙江余姚河姆渡村

图 2-1　纽约新当代艺术博物馆

图 2-3　陕西西安半坡村遗址

遗址，可看到其整体平面呈廊院式布局。按照古人"尊中""崇北"的思想，宫殿位于院北正中，屋顶造型为等级最高的重檐庑殿顶（图2-4）。

至周朝，礼制盛行。《周礼·考工记》曾对都城做出明确规划：确立了都城规模，城门位置、数量，街道走向、宽度，主要功能布局等诸多要素，堪称我国最早的城市规划典范（图2-5），其"尊中"的观念在此体现得更为淋漓尽致。瓦的发明是周朝在建筑上的又一突破，为中国传统建筑以木、土、瓦、石为基本材料的营造传统奠定了基础。

三、秦汉

秦朝开启了封建王朝先河，鼎盛一时。在建筑上，这一时期最主要的成就有三个：一是长城，二是阿房宫（图2-6）（位于咸阳以南），三是秦始皇陵（位于陕西临潼下河，墓呈方锥形，东西为345 m，南北为350 m，高为76 m，规模宏大）。

两汉时期开疆拓土、国力强盛，迎来了中国古建筑发展的第一个高峰期。其建筑成就枚举如下：①城市建设方面，受"崇北"思想的影响，建造了形似北斗、壮丽雄伟的长安城；②陵寝建筑方面，伴随石材的广泛应用，墓室、墓阙、墓祠等日臻完善；③礼制建筑方面，开辟了"明堂、辟雍"，明堂外围为环形水沟，中央为正方形院落，院四周竖围墙，四角建廊庑，四方设门楼，正中为一座四面对称的主体建筑（图2-7）；④建造技术方面，形成穿斗式、抬梁式两种最基本的木架构形式，

图2-4　殷商宫殿遗址

图2-6　阿房宫遗址

图2-5　西周燕国初都遗址

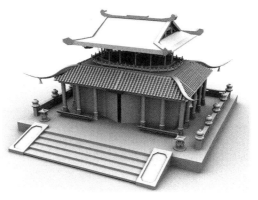

图2-7　汉朝建筑效果图

木构架

木构架，顾名思义就是采用木材为主要建筑材料的构架形式，广泛应用于房屋、桥梁、景观等建筑和工业领域。木构架结构是用木立柱、木横梁构成房屋的骨架，屋子的重量通过横梁集中到立柱上，墙起隔断作用，不承担房屋的重量。木构架又有抬梁、穿斗、井干三种不同的结构方式，而抬梁式使用范围较广，在三者中居于首要地位。

小贴士

制砖技术和拱券结构也获得长足发展。

秦汉时期古建筑的结构主要为以下几种形式。

(1) 抬梁式木构架，是沿着房屋的进深方向在石础上立柱，柱上架梁，再在梁上重叠数层瓜柱和梁，自下而上，逐层缩短、加高，至最上层梁上立脊瓜柱，构成一组木构架。

(2) 穿斗式木构架，是沿着房屋的进深方向立柱，但柱的间距较密，柱直接承受重量，不用架空的抬梁，而以数层"穿"贯通各柱，组成一组组的构架，也就是用较小的柱与数木拼合的"穿"，做成相当大的构架。

(3) 井干式木构架，是用天然圆木或方形、矩形、六角形断面的木料，层层累叠，构成房屋的壁体。

四、魏晋南北朝

在这一时期，社会动荡、战乱绵延，人们为了逃脱现实的苦痛，佛教空前盛行，以佛寺、佛塔、石窟为代表的佛教建筑次第而生。现存最古老的河南登封嵩岳寺塔（图2-8）、举世瞩目的甘肃敦煌莫高窟、山西大同云冈石窟、河南洛阳龙门石窟均为该时期建造，此外比较著名的还有四川的大足石窟、甘肃天水麦积山石窟（图2-9）、山西太原天龙山石窟。与此同时，在士大夫行列里，清淡之风盛行。他们以自然为宗，承老庄之学，淡泊名利，寄怀山水。在玄学的浸润下，山水式园林悄然兴起。

图2-8　河南登封嵩岳寺塔

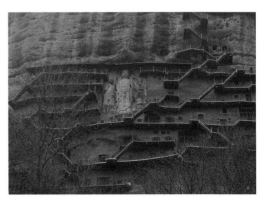

图2-9　甘肃天水麦积山石窟

知名建筑赏析

甘肃天水麦积山石窟

麦积山，是西秦岭山脉小陇山中的一座孤峰，又名麦积崖。麦积山石窟始创于十六国后秦（公元384年至417年）时期。山峰的西南面为悬崖峭壁，著名的麦积山石窟就开凿在这里的峭壁上，有的距山基二三十米，有的达七八十米。在如此陡峭的悬崖上开凿成百上千的洞窟和佛像，在我国的石窟中是罕见的。麦积山石窟属全国重点文物保护单位，也是闻名世界的艺术宝库。现存洞窟194个，其中有从4世纪到19世纪以来的历代泥塑、石雕7200余件，壁画1300多平方米。麦积山石窟的一个显著特点是洞窟所处位置极其险峻，大都开凿在悬崖峭壁之上，洞窟之间全靠架设在崖面上的凌空栈道通达。麦积山的洞窟很多都修成别具一格的崖阁。在东崖泥塑大佛头上15 m高处的七佛阁，是我国典型的汉式崖阁建筑，建在离地面50 m以上的峭壁上，开凿于公元6世纪中叶。

五、隋唐

隋朝统一天下之后，开凿了南北大运河，兴建了我国历史上最大的都城——大兴城。修建了世界上最早的敞肩拱桥：河北赵县安济桥（图2-10）。

唐朝被称为中国封建王朝的全盛时期并不为过。这期间政治清明、经济繁荣、思想开放。文化上的兼容使得建筑成就多不胜举。城市规模蔚为壮观，宫殿建筑气势恢宏。其中的唐长安城采用了中轴对称布局，规划严谨，达到了中国古代里坊制都城最完善的形态。位于唐京师长安（今西安）北侧的大明宫，是大唐帝国的宫殿，是当时的政治中心和国家的象征，也是世界古代史上面积最大的宫殿建筑群。另外，中国佛家在此时期得到了长足的发展，留存至今的佛教建筑有山西五台山南禅寺大殿、佛光寺大殿、西安大雁塔、西安小雁塔（图2-11）、玄奘塔等。

六、两宋、辽、金

宋朝采取的施政方针是重文轻武，文人治国，致使军事积弱、冗兵冗官。但这个朝代也是中国历史上经济与文化教育最繁荣的时代之一。该时期的建筑风格发生了较大改变，城市布局上废除了里坊制度，

图2-10　河北赵县安济桥

图2-11　西安小雁塔

以开放的街巷代替。建筑规模较唐朝缩小，注重空间层次感。建筑类型上添加了各类商铺、酒肆、茶坊等商业建筑，《清明上河图》是其特色的完美体现。自古说唐诗宋词，随着宋词的高产，园林也随之兴盛。

辽代建筑延续唐风的雄浑苍建，金代建筑则繁缛堆砌。两宋、辽、金留存至今的知名建筑有山西晋祠圣母殿、天津蓟县独乐寺观音阁（图 2-12）、山西应县佛宫寺释迦塔（图 2-13）、山西大同华严寺等。

图 2-12　天津蓟县独乐寺观音阁

图 2-13　山西应县佛宫寺释迦塔

七、明清

明清时期的建筑变化可概括为两方面。其一，制度的规范化。建筑的等级区分愈发明显，建筑群体布局更加规范严格，建筑单体则趋于定型化。其二，装饰的繁

知名建筑赏析

乔家大院"在中堂"

乔家大院全称为山西祁县乔家大院民俗博物馆，地处美丽富饶的晋中盆地，是一座汇集晋商历史风貌、反映明清时代特色的民居精品。乔氏"在中堂"（图 2-14），是清朝闻名海内外的商业金融资本家乔致庸的宅院。始建于清乾隆年间，距今有 200 多年的历史，保存完整，有着悠久的历史和深厚的文化。全院占地面积为 10642 m^2，共有 6 座大院，20 进小院，313 间房屋，呈双"喜"字型，是一座全封闭城堡式建筑体。屋与屋衔接，院与院相连，一砖一瓦、一木一石都体现了精湛的建筑技艺，是一座集中体现我国清代北方民居建筑独特风格的宏伟建筑群体，具有很高的建筑美学和居住民俗研究价值，被专家誉为"清代北方民居建筑史上的一颗明珠"。

图 2-14　明清十大民居之一：乔家大院"在中堂"

图 2-15　江南园林

图 2-16　承德避暑山庄

33

琐化。形态上不同于唐宋建筑的舒展大气，明清建筑表现出严谨细密的特征。例如明朝的江南园林 (图 2-15)，清朝的承德避暑山庄 (图 2-16)。

第二节　西方古代建筑

在西方古代时期，建筑从早期的雄伟庄严到古典的肃穆高贵，经过中世纪的气势磅礴到文艺复兴的文化冲击，展现了丰富多彩的建筑形式。

一、早期建筑

1. 古埃及建筑

古埃及是人类文明发祥地之一。金字塔与太阳神庙是其建筑方面的主要成就。他们坚信灵魂不灭，由此建造了胡夫金字塔 (图 2-17)、哈夫拉金字塔及狮身人面像斯芬克斯 (图 2-18)。高耸的塔尖象征着权利的威严，纯粹的形体象征着永恒的纪念。古埃及人信仰太阳神，为其修建了祭祀用的神庙。太阳神庙 (图 2-19) 有围柱式院落、大殿和密室。林立的巨石诉说着古老的文明。此外，卡纳克神庙 (图 2-20)、卢克索神庙、阿布辛波大庙等也是神庙的杰出代表。

图 2-17　胡夫金字塔

图 2-18　狮身人面像斯芬克斯

图 2-19　太阳神庙

图 2-20 卡纳克神庙

图 2-21 空中花园

2. 古西亚建筑

该时期出现了以土为原料的结构体系和装饰方法，由此发展形成的拱券、穹窿构造对后世产生了深刻的影响。空中花园（图 2-21）是该时期建造的杰作之一，观象台、宫殿建筑是该时期的主要建筑类型。

3. 古爱琴海域建筑

克里特岛文明与迈锡尼文明共同形成了爱琴文明，这是古希腊文明的开端。流传至今的建筑遗址有克诺索斯宫殿遗址（图 2-22）和迈锡尼狮之门。

图 2-22 克诺索斯宫殿遗址

二、古典建筑

1. 古希腊建筑

希腊艺术的普遍优点在于高贵的单纯和伟大的肃穆。这种艺术特质集中体现在雅典卫城（图 2-23）的建筑群中。其主体建筑包括帕提农神庙、伊瑞克提翁神庙、胜利神庙和卫城山门 4 部分。

图 2-23 雅典卫城

希腊建筑的影响

小贴士

希腊建筑对后世影响最大的是它在庙宇建筑中所形成的一种非常完美的建筑形式。它用石制的梁柱围绕着长方形的建筑主体，形成一圈连续的围廊，柱子、梁枋和两坡顶的山墙共同构成建筑的主要立面。经过几百年的不断演进，这种建筑具有了一定的格式，叫做"柱式"。它的出现对欧洲后来的建筑有很大影响。

2.古罗马建筑

古罗马继承了古希腊晚期的建筑成就，并加以糅合改进，将古典建筑推向了巅峰。结构方面综合了梁柱和拱券两种结构体系，创造了"券拱式"。创建了角斗场、浴场等多种公共建筑。其代表建筑为万神庙（图2-24）、大角斗场（图2-25）、卡瑞卡拉浴场。

三、中世纪建筑

1.拜占庭建筑

拜占庭建筑采用穹顶结构，并采取集中式布局，建筑整体上呈现布局紧凑、主体突出的外形特征。其典型实例是圣索菲亚大教堂（图2-26）。

2.罗马风建筑

罗马风建筑继承了古罗马半圆形拱券结构，其主要代表建筑为比萨教堂（图2-27）。

3.哥特式建筑

哥特式建筑以尖券、骨架券为主体结构，其主要代表建筑为巴黎圣母院（图2-28）。

图2-24　万神庙

图2-25　大角斗场

图2-26　圣索菲亚大教堂

图 2-27　比萨教堂

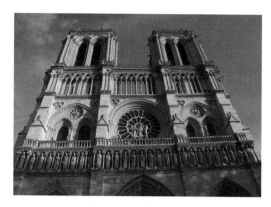

图 2-28　巴黎圣母院

知名建筑赏析

德国科隆大教堂

科隆大教堂 (图 2-29) 位于科隆市中心，始建于 1248 年，几经波折，1880 年最终完成。科隆大教堂是欧洲基督教权威的象征，是哥特式宗教建筑艺术的典范。它为罕见的五进建筑，内部空间挑高又加宽，高塔直向苍穹，象征人与上帝沟通的渴望。除两座高塔外，教堂外部还有多座小尖塔烘托。教堂四壁装有描绘圣经人物的彩色玻璃；钟楼上装有 5 座响钟，最重的达 24 吨，响钟齐鸣，声音洪亮。科隆大教堂内有很多珍藏品。第二次世界大战期间，教堂部分遭到破坏，近 20 年来一直在进行修复，作为信仰象征和欧洲文化传统见证的科隆大教堂最终得以保存。

图 2-29　德国科隆大教堂

四、文艺复兴时期建筑

1. 文艺复兴建筑

建筑方面提倡复兴古罗马的建筑风格，追求整齐统一与理性，以圣马可教堂 (图 2-30)、圣彼得教堂为典范。

2. 巴洛克建筑

其特点是运用堆砌装饰营造视觉效果，不惜以矫揉造作的手法，力求空间的

图 2-30　圣马可教堂

凹凸起伏、运动变化。这时期的地标建筑为罗马圣卡罗教堂 (图 2-31)。

3. 古典主义建筑

古典主义强调理性和秩序，倡导轴线对称、主次分明、中心突出、形体规

图2-31 罗马圣卡罗教堂

则，推崇纵、横方向的三段式构造方法，力求稳定统一。其代表建筑为卢浮宫（图2-32）、凡尔赛宫。

图2-32 卢浮宫

第三节 西方现代建筑

一、新建筑运动

继工业革命之后，欧洲进入工业化时期，建筑方面新的功能与旧有的形式彼此矛盾，而新技术、新材料的出现又为建筑的革新提供了条件，促使建筑摆脱传统束缚，创造顺应时代的新形式。这一时期涌

现的思潮主要有以下几种。

1. 工艺美术运动

工艺美术运动源起于英国，由约翰·拉斯金（John Ruskin）与威廉·莫里斯（William Morris）发起，其主旨是提倡手工艺生产，追求自然材料的美。在建筑上，倡导自然灵活的布局形式。其代表作是菲利普·韦布（Philip Webb）和威廉·莫里斯设计的"红屋"（图2-33）。

2. 新艺术运动

新艺术运动起源于法国，是工艺美术运动在法国的深化与发展。法国设计师兼艺术品商人萨穆尔·宾于1895年在巴黎开设了设计事务所"新艺术之家"，并与一些同行朋友合作，决心改变产品设计现状。其核心为推崇艺术与技术紧密结合的设计，力求创造一种新的时代风格，主张采用熟铁装饰来模仿自然的曲线美。典型实例是维克多·霍尔塔（Vintor Horta）设计的布鲁塞尔都灵路12号住宅（图2-34）。

3. 维也纳学派与分离派

维也纳学派的创始人是奥托·瓦格纳（Otto Wager）。他在《现代建筑》一书中指出：新结构、新材料必然导致新形式的出现。维也纳学派的代表作是维也纳邮政储蓄银行（图2-35）。该设计作品线条简练、不施粉饰，特别是钢和玻璃的结合应用，为现代建筑结构的发展奠定了基础。而维也纳分离派则是从维也纳学派中分离而出的，在设计形式上主张造型简洁和几何装饰，瓦格纳也是主要代表人物之一。

图 2-33 "红屋"

图 2-34 布鲁塞尔都灵路 12 号住宅

知名建筑赏析

维也纳邮政储蓄银行

维也纳邮政储蓄银行 (图 2-35) 由奥托·瓦格纳设计，建于 1904—1906 年间。维也纳邮政储蓄银行高 6 层，立面对称，墙面划分严整，仍然带有文艺复兴式建筑的敦实风貌，但细部处理新颖，表面的大理石贴面板用铝制螺栓固定，螺帽袒露在外面，产生了奇特的装饰效果。银行内部营业大厅做成了满堂玻璃天花，由细窄的金属框格与大块玻璃组成。两行钢铁内柱上粗下细，柱上铆钉也袒露出来。大厅白净、简洁、新颖。

二、现代建筑运动

第一次世界大战结束后，新建筑运动发展为现代建筑运动。之后几十年，现代主义广泛传播，彻底淹没了复古主义思潮，形成了风靡全球的"国际式"风格。这一时期流派多，风格迥异，具体列举如下。

1. 未来主义

未来主义产生于意大利，强调科技和工业交通改变了人的物质生活方式，人的精神生活也必须随之改变。在建筑方面，

图 2-35 维也纳邮政储蓄银行

主张"动"与"变",提倡运用斜线和椭圆创造富有动态的建筑形体。

2. 表现主义

表现主义兴起于德国和奥地利,注重表现个人的主观体验。建筑形式上偏好应用夸张、奇特的形体表现特有的思想情绪。代表作是埃里克·门德尔松(Erich Mendelsohn)设计的爱因斯坦天文台(图2-36),建筑采用流线型形体,开不规则窗洞,以表现神秘莫测的氛围。

3. 风格派

风格派源于荷兰,主张最好的艺术是几何形的组台与构图。其代表作是格里特·托马斯·里特维德(Gerrit Thomas Rietveld)设计的乌德勒支住宅(图2-37),建筑将构件还原为点、线、面要素,

通过彼此的穿插错落,配合红、黄、蓝三原色的应用,达到抽象组合的视觉效果。

4. 构成派

构成派始于俄国,强调几何形体的空间结构,认为建筑必须反映构筑手段。代表作是弗拉基米尔·塔特林(Vladimin Tatlin)设计的第三国际纪念塔(图2-38),采用铁和玻璃两种材料组合成螺旋状塔,在表达材料与结构的同时,实现技术与艺术的融合。

5. 芝加哥学派

伴随现代高层建筑的出现,芝加哥学派孕育而生。代表人物路易斯·享利·沙利文(Louis Henry Sullivan)提出的"形式追随功能"开辟了功能主义先河。他设计的芝加哥百货公司大厦(图2-39),通

图 2-36 爱因斯坦天文台

图 2-37 乌德勒支住宅

图 2-38 第三国际纪念塔

图 2-39 芝加哥百货公司大厦

过网格式处理手法，创造了典型的"芝加哥横长窗"形式。

6.德意志制造联盟

德意志制造联盟提倡提高工业制品的质量，并主张建筑与工业相结合，代表实例是彼得·贝伦斯 (Peter Behrens) 为德国通用电气公司设计的透平机车间 (图2-40)。

三、现代建筑运动之后

第二次世界大战以后，现代建筑走向多元化。新一代的建筑师认为建筑应超越功能和技术的局限，可以使用装饰，并与不同的自然条件和社会文化相结合，形成地方特色。在这样的思想引导下，出现了以下几种新的流派。

1.技术精美主义

技术精美主义以钢和玻璃为材料，加以精心施工，追求严缜的理性逻辑和精美的艺术效果。其代表人物是密斯·凡·德·罗，在他设计的范斯沃斯住宅 (图2-41) 中，屋顶和地板合围的玻璃盒子以八根钢柱支撑，空间开敞通透，造型简洁纯净。

2.粗野主义

粗野主义追求粗犷的建筑风格，以表现建筑自身为主，讲究形式美，着重展示混凝土的粗糙厚重。代表实例是勒·柯布西耶设计的马赛公寓 (图2-42)，粗壮的柱墩撑起庞大的建筑体量，未经加工的混凝土展现着原始的粗野和狂放。

知名建筑赏析

巴黎萨伏伊别墅

萨伏伊别墅 (图2-43) 是现代主义建筑的经典作品之一，它位于巴黎近郊的普瓦西，由现代建筑大师勒·柯布西耶于

图2-40　透平机车间

图2-41　范斯沃斯住宅

图2-42　马赛公寓

图2-43　巴黎萨伏伊别墅

图2-44　美国驻新德里大使馆

1928年设计，历时两年时间，1930年建成。萨伏伊别墅是一个完美的功能美学作品，其基地是位于普瓦西的一片开阔地带，中心略微隆起。占地为48562.32 m²，宅基为矩形，长约21.5 m，宽为19 m，共3层。

萨伏伊别墅在设计上轮廓简单，像一个白色的方盒子被细柱支起。水平长窗平阔舒展，外墙光洁，无任何装饰，但光影变化丰富。别墅虽然外形简单，但内部空间复杂，如同一个内部精巧镂空的几何体，又好像一架复杂的机器。该建筑采用了钢筋混泥土框架结构，平面和空间布局自由，空间相互穿插，内外彼此贯通，它外观轻巧、空间通透、装修简洁，与造型沉重、空间封闭、装修繁琐的古典豪宅形成了强烈对比。

3. 典雅主义

典雅主义借鉴古典建筑的美学法则和构图手法：运用现代的材料结构塑造简洁的形体，再现古典建筑的端庄典雅。代表作是爱德华·迪雷尔·斯通(Edward Durel Stone)设计的美国驻新德里大使馆(图2-44)，建筑立面由外而内依次是钢柱、漏窗式幕墙和玻璃墙。呈现出庄重华贵的气度。

4. 高技派

高技派崇尚机器美学和技术美学，主张用最新的材料，通过暴露结构构件与设备管道，强调技术工艺与时代精神。代表实例是伦佐·皮亚诺(Renzo Piano)和理查德·乔治·罗杰斯(Richard George Rogers)设计的蓬皮杜国家艺术文化中心

勒·柯布西耶的建筑主张

小贴士

勒·柯布西耶(Le Corbusier, 1887—1965年)是法国激进的改革派建筑师的代表，也是20世纪最重要的建筑师之一，他在《走向新建筑》一书中主张创造表现新时代精神的新建筑，主张建筑应走工业化的道路。他的许多主张首先表现在他从事最多的住宅建筑之中，认为"住房是居住的机器"，他将马赛公寓设计成现代化城市的"居住单位"。

（图 2-45）。

5. "人情化"与地域性

"人情化"与地域性讲究采用传统的地方材料和多样化的建造手法，主张在造型上化整为零，强调建筑体量与人体尺度的关系，并注重民族传统的继承。其代表人物是雨果·阿尔瓦·赫瑞克·阿尔托（Hugo Alvar Herik Aalto），由他设计的珊纳特赛罗镇中心主楼（图 2-46）巧妙利用地形，使空间呈现多层次的变化和渐进式的布局，尺度宜人，并与环境自然融合、相互映衬。

6. 象征主义

象征主义着重表现建筑个性，将设计思想寓意于建筑形象中，激发人们的联想，手法包括具体象征和抽象象征两种。代表实例有勒·柯布西耶设计的朗香教堂（图 2-47）。

7. 后现代主义

后现代主义批判现代的纯理性主义，强调历史的延续性，追求复杂性和矛盾性，宣扬"文脉主义""隐喻主义"和"装饰主义"。代表实例有罗伯特·文丘里（Robert Venturi）设计的栗子山母亲住宅（图 2-48）。

8. 解构主义

解构主义反对结构主义的稳定有序、确定统一，它着力于破坏分解，采用扭曲、错位、变形的手法，追求无序、松散、失稳的效果。代表实例有伯纳德·屈米（Bernard Tschumi）设计的拉维莱特公园（图 2-49）。

图 2-45　蓬皮杜国家艺术文化中心

图 2-47　朗香教堂

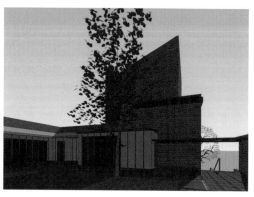

图 2-46　珊纳特赛罗镇中心主楼

图 2-48　栗子山母亲住宅

图 2-49 拉维莱特公园

第四节 案例分析

一、颐和园

1. 建筑概况

颐和园（图 2-50）位于北京西北郊，是清代的皇家花园和行宫，前身为清漪园。颐和园是三山五园中兴建最晚的一座园林，始建于 1750 年，1764 年建成，面积为 290 公顷（2.9 km²），水面面积约占园面积 3/4。乾隆皇帝继位以前，在北京西郊一带，已建起了 4 座大型皇家园林，从海淀到香山这 4 座园林自成体系，相互间缺乏有机的联系，中间的瓮山泊成了一片空旷地带，乾隆皇帝决定在瓮山一带动用巨额银两兴建清漪园，以此为中心把两边的 4 个园子连成一体，形成了从现在清华园到香山长达 20 公里的皇家园林区。

清漪园 1860 年被焚毁，1888 年慈禧挪用海军军费（以海军军费的名义筹集经费）修复此园，改名为颐和园，其名为"颐养冲和"之义。关于挪用的海军军费，经专家考证，一共挪用了 7 年，每年 30 万两，占全部修复费用的 1/3 以上。光绪二十一年（1895 年）工程结束。1900 年，颐和园又遭八国联军严重破坏，1902 年再次修复。颐和园重建几次，虽然在某些局部上逊色于当年的清漪园，但总体上还是沿用了乾隆年间清漪园的规划与布局。

43

图 2-50 颐和园正门

颐和园没有一个明确的设计者，其主要设计意图几乎都是出自乾隆皇帝的思想。在清朝(1644—1911)年260余年间，北京皇室的建筑师成了世袭的职位。在17世纪末年，一个南方匠人雷发达来北京参加营造宫殿的工作，因为技术高超，很快就被提升担任设计工作。从他起一共7代直到清朝末年，主要的皇室建筑如宫殿、皇陵、圆明园、颐和园等都是雷氏负责的。这个世袭的建筑师家族被称为"样式雷"。

2. 主要景点

园中主要景点大致分为3个区域：以庄重威严的仁寿殿(图2-51)为代表的政治活动区是清朝末期慈禧与光绪皇帝从事内政、外交政治活动的主要场所。以乐寿堂、玉澜堂、宜芸馆等庭院为代表的生活区，是慈禧、光绪皇帝及后妃居住的地方。以长廊沿线、后山、西区组成的广大区域，是供帝后们澄怀散志、休闲娱乐的苑园游览区。万寿山南麓的中轴线上，金碧辉煌的佛香阁(图2-52)、排云殿建筑群起自湖岸边的云辉玉宇牌楼，经排云门、二宫门、排云殿、德辉殿、佛香阁，终至山巅的智慧海，重廊复殿、层叠上升、贯穿青琐、气势磅礴。巍峨高耸的佛香阁八面三层，踞山面湖，统领全园。

在昆明湖湖畔，还有著名的石舫，惟妙惟肖的铜牛(图2-53)，赏春观景的知春亭等景点建筑。谐趣园(图2-54)曲水复廊，足谐其趣。与前湖一水相通的苏州街(图2-55、图2-56)，酒幌临风、店肆熙攘，仿佛置身于200多年前的皇家买卖街。

图2-51　仁寿殿图

2-52　佛香阁

图2-53　铜牛

图2-54　谐趣园

图 2-55 夏天的苏州街

图 2-57 湖泊远景

45

图 2-56 冬天的苏州街

图 2-58 湖泊近景

3. 建筑风格

颐和园的建筑风格吸收了中国各地建筑的精华。东部的宫殿区和内廷区，是典型的北方四合院风格，一个个的封闭院落由游廊联通；南部的湖泊区（图 2-57、图 2-58）是典型杭州西湖风格，一道"苏堤"把湖泊一分为二，十足的江南格调；万寿山的北面（图 2-59），是典型的西藏喇嘛庙宇风格，有白塔，有碉堡式建筑；北部的苏州街，店铺林立、水道纵通，是典型的水乡风格。

4. 布局特点

(1) 以水取胜。广阔的昆明湖水面，是园林布置极好的基础。园的周长共有 13 里 (6.5 km)，全园面积约为 2.9 km²，其中陆地面积仅占 1/4，在当时北京诸园中是水面最大的一个。因此，设计人抓住

图 2-59 须弥灵境藏式建筑喇嘛庙

了水面大这一特点，以水面为主来设计布置。主要建筑和风景点都面临湖水，或是俯览湖面。当时取名"清漪园"，也就是清波满园的意思。

(2) 对比鲜明的手法。对比鲜明是颐和园园林布局的另一特点。我们在颐和园中，不仅可以看到有壮丽建筑的前山，还可以看到建筑荫蔽、风景幽静的后山（图

2-60)；不仅可以俯览浩荡的昆明湖（图 2-61），还可以漫步怡静的苏州河（后湖）；不仅有建筑密集的东宫门，还有景物旷野的西堤和堤西区。处处有阴阳转换，时时有矛盾开展，顿觉山穷水尽，忽又柳暗花明。

（3）湖山结合。湖山结合是颐和园的又一特点。位于广阔的昆明湖北岸，有一座高达 58 m 的万寿山（图 2-62），好像一座翠屏峙立在北面。清澈的湖水好像一面镜子，把万寿山映衬得分外秀丽。湖山景色密切结合成为一个整体。古代的造园艺术家和工匠们，在设计和建造这座园林的时候，充分利用了这一湖山相连的优越自然条件，适当地布置园林建筑和风景点。如抱山环湖的长廊和石栏，把湖和山明显地分清而又紧密地连接在一起。伸入湖中的知春亭，临湖映水的什景花窗，建造在湖边山麓的石舫（图 2-63）等等，都巧妙地把湖山结合在一起。

5. 建筑意义

在建设世界城市的进程中，历史名园一直发挥着巨大的作用。颐和园（图 2-64）作为世界文化遗产、北京历史名园的代表，其景观价值和名园效应从多方面影响和促进着城市整体环境的提升。

二、比萨斜塔

1. 建筑概况

意大利中部的比萨城内，有一座造型古朴而又秀巧的钟塔，是罗马式建筑的范本，然而它使人们惊叹诧异的地方还远不止这些。每年 80 万名游客来到塔下，

图 2-60　风景幽静的后山

图 2-62　万寿山

图 2-61　昆明湖水面

图 2-63　湖边山麓的石舫

图 2-64　颐和园俯视图

无不对它那"斜而不倒"的塔身表示忧虑和焦急，同时为自己能亲眼目睹这一由缺陷造成的奇迹而庆幸万分。这座令人心情如此激动的塔，就是著名的比萨斜塔（图2-65）。

比萨斜塔位于意大利中部比萨古城内的教堂广场上，是一组古罗马建筑群中的钟楼，这座堪称世界建筑史奇迹的斜塔，不仅以它"斜而不倒"闻名天下，还因为在 1590 年，意大利的伟大科学家伽俐略曾在斜塔的顶层做过自由落体运动的实验，让两个重量相差 10 倍的铁球，同时

图 2-65　比萨斜塔外景

从塔顶(图2-66)落下,结果,两球同时着地,一举推翻了束缚人们思想近2000年的希腊著名学者亚里士多德关于重量不同的物体其下落的速度也不相同的"物体下落速度与重量成正比"的理论。伽俐略开创了实验物理的新时代,被人们称为"近代科学之父",而他用来做实验的斜塔也因而更加闻名遐迩。

意大利比萨斜塔修建于1173年,由著名建筑师那诺·皮萨诺主持修建。它位于罗马式大教堂后方的右侧(图2-67),

图2-66 比萨斜塔塔顶

是比萨城的标志。开始时,塔高设计为100 m左右,但动工五六年后,塔身从三层开始倾斜,直到完工还在持续倾斜,在其关闭之前,塔顶已南倾(即塔顶偏离垂直线)3.5 m。1990年,意大利政府将其关闭,开始进行整修。

2. 建筑风格

比萨斜塔毫无疑问是建筑史上的一座重要建筑。在发生严重的倾斜之前,它大胆的圆形建筑设计已经向世人展现了它的独创性。虽然在更早年代的意大利钟楼中,采用圆形地基的设计并不少见,类似的例子可以在拉文纳、托斯卡纳和翁布里亚找到,但是,比萨钟楼被认为是独立于这些建筑原型,在更大程度上,它是在借鉴前人建筑经验的基础上,独立设计并对圆形建筑加以发展,形成了独特的"比萨风格"。比萨大教堂和比萨斜塔形成了视觉上的连续性,比如,钟楼的圆形设计被认为是为了同一旁的大教堂建筑形成反差

图2-67 罗马式大教堂后面右侧

而相对应,因此有意地模仿教堂半圆形后殿的曲线设计(图2-68)。

　　更重要的是,钟楼与广场对圆形结构的强调是相一致的,尤其是在宏伟的、同样是圆形的洗礼堂奠基以后,整个广场更像是有意设计成耶路撒冷复活教堂(Anastasis)的现代版本,这种设计正来源于经典的古代建筑。钟楼的装饰格调继承了大教堂和洗礼堂的经典之作,墙面用大理石或石灰石砌成深浅两种白色带(图2-69),半露方柱的拱门、拱廊中的雕刻大门(图2-70)、长菱形的花格平顶(图2-71),阳光照射拱廊上方的墙面形成光亮面和遮荫面的强烈反差,给人以钟楼内的圆柱相当沉重的假象。大教堂、洗礼堂和钟楼之间形成了视觉上的连续性(图2-72)。

3. 倾斜的原因和趋势

　　几个世纪以来,钟楼的倾斜问题始终吸引着好奇的游客、艺术家和学者,使得比萨斜塔世界闻名。比萨斜塔(图2-73)为什么会倾斜,专家们曾为此争论不休。尤其是在14世纪,比萨斜塔究竟是建造过程中无法预料和避免的地面下沉累积效应的结果,还是建筑师有意而为之,人们在两种论调中徘徊。进入20世纪,随着对比萨斜塔越来越精确的测量、使用各种先进设备对地基土层进行的深入勘测,以及对历史档案的研究,一些事实逐渐浮出水面:比萨斜塔在最初的设计中本应是垂直的建筑,但是在建造初期就开始偏离了正确位置。

49

图2-68 曲线设计

图2-70 拱廊中的雕刻大门

图2-69 墙面

图2-71 长菱形的花格平顶

图 2-72　大教堂、洗礼堂和钟楼

图 2-73　斜塔夜景

比萨斜塔之所以会倾斜，是由于其地基下面土层的特殊性造成的。比萨斜塔下的地基有好几层不同材质的土层，各种软质粉土的沉淀物和非常软的粘土相间形成，而在深约 1 m 的地方则是地下水层。这个结论是在对地基土层成份进行观测后得出的。最新的考古发掘表明，因钟楼建在古代的海岸边缘，因此土质在建造时便已经沙化和下沉。

4. 建筑意义

关心斜塔命运的自然是比萨人，尽管他们也对斜塔的倾斜感到担忧，但更多的是骄傲和自豪，为自己的家乡拥有一个可与世界上著名建筑相媲美的斜塔而感到自豪。他们坚信它不会倒下，他们有这样一句俗语："比萨塔像比萨人一样健壮结实，永远不会倒下去。"他们对那些把斜塔重新纠正竖直的建议最为深恶痛绝。

思考与练习

(1) 熟悉知名建筑师的建筑风格及代表作品。

(2) 列举中国传统建筑的代表元素。

(3) 列举西方建筑的代表元素。

(4) 了解世界其他知名建筑，并举例做简单分析。

第三章

形态的构成

学习难度：★ ★ ★ ★ ☆

重点概念：基本要素、构成方法、审美艺术、空间与形体

章节导读

　　形态构成研究"形"以及"形"的构成规律，是一切造型艺术的基础。现代许多复杂的建筑都是通过简单的几何形式的组合构成。如何造型是建筑设计的主要内容，研究形态构成一是要探寻其自身规律，二是要挖掘符合审美要求的构成原则。这就需要我们在强化抽象思维的同时提升艺术修养，以便在纷繁的形态中做出敏锐的选择。

　　建筑设计中，作为其重要内容的形体设计乃至围合空间的界面设计，都涉及形态构成的知识。大至平面，小至梁、柱、门、窗、檐板、铺地、花饰、线脚……都可以作为造型要素。建筑设计的重要任务之一就是运用平面构成和立体构成的方法把这些要素组织起来，使它们符合形态构成的规律，创造美的建筑形式。

知名建筑赏析

德国包豪斯学院

包豪斯学院 (图 3-1) 于 1919 年成立于德国的魏玛,它的成立标志着现代设计的诞生,对世界现代设计的发展产生了深远的影响,包豪斯也是世界上第一所完全为发展现代设计教育而建立的学院。包豪斯作为一种设计体系在当年风靡整个世界,在现代工业设计领域中,它的思想和美学趣味可以说整整影响了一代人。虽然后现代主义的崛起对包豪斯的设计思想来说是一种冲击、一种进步,但包豪斯的某些思想、观念对现代工业设计和技术美学仍然有启迪作用,特别是对发展中国家的工业设计道路的方向选择是有帮助的。它的原则和概念对绝大多数工业设计都是有影响作用的。

第一节　形态的基本要素

形态构成诞生于工业革命背景下的包豪斯学院 (图 3-1),除受到现代艺术的影响外,它还吸收了视觉心理学的诸多成果,因而兼具艺术与科学的双重特征。任何复杂的形都可以分解为简单的基本形,基本形又由基本要素构成,基本要素可分为概念要素和视觉要素两类。

一、概念要素及其特征

概念要素即抽象化的点、线、面、体。它们之间可以通过一定的方式相互转化,这也说明了它们之间的划分也仅仅是相对的。在一些特定的场合下,点可以看成是面,是线或是体,反之亦然。我们要学会在不同场合下去鉴别它们之间复杂的关系。

图 3-1　包豪斯学院

包豪斯设计观点

在设计理论上，包豪斯提出了三个基本观点。

(1) 术与技术的新统一。

(2) 设计的目的是人而不是产品。

(3) 设计必须遵循自然与客观的法则来进行。

所谓"包豪斯风格"实际上是人们对"现代主义风格"的另一种称呼。称为"包豪斯风格"是对包豪斯的一种曲解，包豪斯是一种思潮，而并非完整意义上的风格。

55

1. 点

点可以标识空间位置，没有长度、宽度、深度，所以它是静态的、无方向的，而且是集中性的。

(1) 不同形态的点。主要包括实的点、线化的点、面化的点。实的点是相对虚的点而言，平面中作为图形的点，立体中较小的实块都是实点。点没有量度，如要在空间中明显标出其位置，必须把点投影成垂直的线要素，映射到建筑中，独柱，如方尖碑 (图 3-2)，就是单个实点的实例。线化的点是距离较近的点，呈线状排列时，间隔之间似乎有了引力，点的感觉弱化，变成了线的感觉。线性排列的点一般具有秩序性、节奏感和连续性等特性。在建筑布局中，点呈线性排列的典例是列柱，它在引导方向的同时形成了一个界面，将空间划分为内外两重，此时的空间既有分割性又有渗透性，同时还具有引导与暗示的作用，颐和园中的长廊 (图 3-3) 即是一个实例。面化的点是指一定数量的点在一定范围内密布，就具有了面的感觉，具有静态的稳定性和匀质性的特性。在建筑中面化的点常用于立面窗的分布或平面柱子的排列。这使得点的特性弱化，强化了面的属性。点的密集程度越高，线的特

图 3-2　巴黎方尖碑

图 3-3　颐和园长廊

图 3-4　布达拉宫正面

图 3-5　布达拉宫局部窗户尺寸

征就越明显。例如布达拉宫（图 3-4、图 3-5），立面密布方窗，窗的尺寸很小，既能抵御严寒，又能防御外敌。

（2）点的心理感受特征。当点处于某个范围的中心时，有稳定感、静止感；但是当点偏移中心位置时，点就变得有动感、方向感。这是由实际范围的中心和偏移的点之间产生的视觉的紧张感所致。

2. 线

线由点延伸而成，线与面、体的区别是由其相对的比例关系决定的。线可以看作是点的轨迹、面的交界、体的转折。线在视觉上表现出方向、运动和生长的特性。

（1）不同形态的线。主要包括实线、虚线、面化的线、体化的线。实线是指平面和立体实在的线，包括水平线、垂直线、斜线和曲线。在建筑中，水平线的应用可以引导人的视线向水平方向延伸，给人以舒缓宁静的心理感受。垂直线的应用可以引导人的视线向上升起，给人以庄严肃穆的感受。斜线传达着运动、速度、跳跃等动态元素。曲线可以表达跌宕起伏的内心波动，具有轻盈柔和的美感和韵律感，如日本广岛丝带教堂（图 3-6）。虚线是指图形之间线状的空隙。面化的线是指大量的线密集排列形成的感觉，如台湾新北市的乌来停车场（图 3-7）。体化的线是指在三维空间里，一定数量的线排列或围合成体状，从而具有体的感觉。

（2）线的心理感受特征。线由于其位置、形状、方向的不同，而给人不同的心理感受。直线的方向在视觉感受方面起了

图 3-6　日本广岛丝带教堂

图 3-7　台湾新北市的乌来停车场

较大的作用：垂直线给人重力感、平衡感；水平线给人稳定感；斜线给人运动感；曲线给人张力感。不同形状的曲线还会有不同的效果：如自由的曲线给人强烈的运动感，而半圆曲线的封闭感则会加强，圆圈则给人稳定感。

3. 面

线的移动产生面，面具有长度和宽度。在视觉上给人以稳定感和延伸感。

(1) 不同形态的面：主要包括直面、曲面。直面包括水平面、垂直面和斜面。水平面具有舒展和缓的视觉特征，在建筑中体现为顶面和地面。顶面划分出不同层次的空间，其形状、尺寸、高度直接影响着人的视觉和心理感受。地面承载着人类的日常活动，为建筑提供坚固的支撑基面。地面的上升、下沉或材质的变化可以划分出不同的空间领域。垂直面有着强烈的分割性，在建筑中以墙面为代表，墙具有重要的空间组织分隔作用。斜面具有强烈的动势和视觉冲击力。在建筑中常以斜面创造风格迥异的视觉效果和心理体验，如成都金沙遗址博物馆（图 3-8）。曲面是指弯曲的面，通过变换的视觉形态给人全

新的空间体验，如我国的哈尔滨大剧院（图3-9）。

(2) 面的心理感受特征：面给人的主要感受是延伸感、力度感，曲面还给人紧张感、动感。比例、形状、颜色、质感等要素是影响面的心理感受的重要因素。

4. 体

体由面平移而成，体有长、宽、高三个量度，比例不同带给我们的感受也不同。

(1) 不同形态的体。主要包括实体、虚体。实体是指完全充实的体，或从表面看来是这样。通过各个面之间的组合使体形呈现出或厚重或轻盈的外观形态。例如路易斯·康设计的印度管理学院（图3-10）。虚体就是用界面包容围合的空间。如中国的传统四合院民居（图 3-11）。

知名建筑赏析

印度管理学院

极爱用砖作建筑材料的路易斯·康利用自己在印度这样一个劳动力密集型的经济社会里工作的机会，在这个校园的设计上完全以砖为材料，巨大的承重砖墙拔地而起，由混凝土联系着的砖砌缓拱构成墙面的开洞——人们可以从这种独特的表现

图3-8　成都金沙遗址博物馆

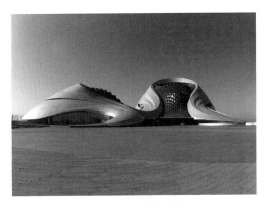

图3-9　哈尔滨大剧院

图 3-10　印度管理学院　　　　　　　　　图 3-11　北京四合院民居

方法上在次大陆识别路易斯·康的建筑作品。墙壁各处的环形大开孔体现了无与伦比的砖工技术。穿过这些开孔的光线突出了砖面的纹理，与砖石建筑的永恒的质量相协调，给整个建筑以无限的宁静感。

(2) 体的心理感受特征。体一般会给人坚实感、安定感、稳重感，但是随着体的长宽高之比不同而呈现出块材、线材、面材的状态时，其心理感受也分别呈现出点、线、面的特征。同时，体表面的颜色、

肌理等不同处理也会使我们的心理感受发生变化。

二、视觉要素

要想把我们前述的基本要素转变为可以看见的物体，就必须要赋予其视觉要素。视觉要素包括：形状、色彩、尺寸、质感和方位等，在立体构成中还包括材质和材性等因素。

1. 形状

基本形是由形的基本要素点、线、面、

北京四合院

四合院，又称四合房。所谓四合，"四"指东、西、南、北四面，"合"即四面房屋围在一起，形成一个"口"字形。北京正规四合院一般依东西向的胡同而坐北朝南，大门辟于宅院东南角的"巽"位。四合院中间是庭院，院落宽敞，庭院中植树栽花，备缸饲养金鱼，是四合院布局的中心，也是人们穿行、采光、通风、纳凉、休息、家务劳动的场所。"口"字形的称为一进院落；"日"字形的称为二进院落；"目"字形的称为三进院落。

北京四合院设计与施工比较容易，所用材料十分简单，不需钢筋与水泥，青砖灰瓦、砖木结合、混合建筑，当然以木构为主体标准结构，重量轻，如遇地震，很少可以震倒，说明四合院是可以防震的。整体建筑色调灰青，给人十分朴素的印象，生活非常舒适。

小／贴／士

体构成的具有一定几何规律的形体。人们常常把它当作是进行形态构成时直接使用的"材料"。最重要的基本形状是圆（图3-12）、三角形（图3-13）和正方形。

图3-12　杭州国际会议中心

图3-13　位于墨伽拉的三角形隐居住宅

图3-14　光之教堂

2. 色彩

色彩受色调和光线影响，色调的变化差异对人的情绪有着潜移默化的影响。光线的明暗、光影的交错使建筑具有了丰富的美感。如日本建筑大师安藤忠雄的光之教堂（图3-14）。

知名建筑赏析

光 之 教 堂

光之教堂（图3-14）位于大阪城郊茨木市北春日丘一片住宅区的一角，是现有的一个木结构教堂和神父住宅的独立式扩建。它是日本最著名的建筑之一，也是日本建筑大师安藤忠雄的成名代表作，因其在教堂一面墙上开了一个十字形的洞而营造了特殊的光影效果，令信徒们产生接近天主的错觉而名垂青史。

3. 尺寸

在建筑中，人们对尺寸的感知涉及比例和尺度两方面。比例是指建筑形式和空间的实际尺寸间的数值关系。尺度是指人在比较建筑自身尺寸与周边环境关系时，获得的空间体验。

4. 质感

质感包括材质、肌理。石材坚实厚重、木材柔和温暖、金属时尚简单，不同材质赋予了建筑不同的感觉。肌理或粗糙、或光滑，带给建筑不同的性格。

5. 方位

方位包括方向和位置。在中国的星象学中较注重这一点，例如尊中崇北的思想，以及坐北朝南的平面布局。而位置在中国风水学中较为重视，例如地形地势，河流山体等。

第二节　建筑形态构成方法

形态的构成方法反映了形体之间的"结构方式"，主要构成手法可总结为转换、积聚、切割、变异四种。

一、转换

1. 角度转换

角度转换就是改变基本形的局部方向，使外形角度发生变化。

2. 方向转换

方向转换就是改变基本形的放置方向，如巴西国会大厦（图3-15），开口向上的为众议院，意为面向公众开放，开口向下的为参议院，暗示严守国家机密。

3. 量度转换

量度转换就是通过改变形体的量度使其发生变化，同时保持具体的特征。

二、积聚

形的基本单元之间没有明显的、确定的结构方式。积聚就是在基本形的基础上增添附加形，或多个形体进行堆积、组合形成新的形体，使整体充实丰富。概括为发散式和集中式两类。

1. 发散式

发散式构成呈由中心向外发散的布局形态，具有较强的离心性并富有动感，如考夫曼的沙漠别墅（图3-16），以起居室为中心向四处延伸，呈风车状。

2. 集中式

集中式组合指一定数量单位围绕某一中心呈内向型布局，具有显著的向心性和稳定性。如孟加拉国议会大厦（图3-17），它采用了八边形的组合形式，中央议会厅是整个设计的中心环节。它由9座单独的大厦连成一个整体，其中外围8栋建筑高110 m，内部一栋八角形建筑高155 m。这9个建筑内部都有不同的功能区，但又通过走廊、电梯、楼梯、灯光等连成一体，成为一座完整的建筑。国民

图3-15　巴西国会大厦

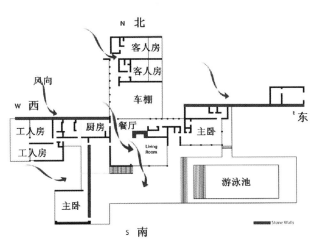

图 3-16　考夫曼沙漠别墅平面图

图 3-17　孟加拉国议会大厦

议会大厦建筑宏伟、气魄不凡，曾被称为 20 世纪最伟大的建筑地标之一，同时也是路易斯·康的代表作。

三、切割

此类构成方法是通过对原形进行分割及分割后的处理，分割产生的子体重新组合成新的形体。主要可概括为等形分割、等量分割、比例分割和自由分割等。

1. 等形分割

等形分割即分割后的子形一样，因此更易于协调，有较大的的处理空间。而如何处理子形是形态构成的关键，如位于大阪住吉区的东邸，即住吉的长屋 (图 3-18)。安藤忠雄在极其有限的用地条件下，将平面平均划分为三段，两端为房间，中间是庭院。

2. 等量分割

分割后的子形体量、面积大致相同，而形状不 ，因此不易协调，要注重考虑原形对子形的作用。如华盛顿国家艺术馆 (图 3-19) 结合梯形用地，用一条对角线把梯形分成两个三角形，对角线上筑石墙，两部分在第四层相通。这种划分使两部分在体形上虽有明显区别，但又不失为一个

图 3-18　日本大阪住吉的长屋

图 3-19　华盛顿国家艺术馆

统一整体。

3. 比例分割

即分割按照一定的和谐比例分割，通过子形间的相似性来形成统一的新形。如希腊的巴特农神庙（图 3-20），它采取八柱的多立克式，东西两面是 8 根柱子，南北两侧则是 17 根，东西宽 31 m，南北长 70 m。东西两立面（全庙的门面）山墙顶部距离地面 19 m，也就是说，帕特农神庙立面高与宽的比例为 19:31，接近希腊人喜爱的"黄金分割比"，难怪它让人觉得优美无比。

4. 自由分割

自由分割产生的子形缺乏相似性，因此需注意子形与原形的关系以及子形之间的主次关系，如由美国建筑师弗兰克·盖里设计的位于西班牙的毕尔巴鄂古根海姆博物馆（图 3-21），其主入口中庭设有一系列曲线形天桥、玻璃电梯和楼梯塔，将集中于三个楼层上的展廊连接到一起。该博物馆的引人之处在于它的外形设计。从外表看，与其说它是个建筑物，不如说是件抽象派的艺术品。它由数个不规则的流线型多面体组成，上面覆盖着 3.3 万块钛金属片，在光照下熠熠发光，与波光鳞鳞的河水相映成趣。

四、变异

变异是指将原形进行变形，使之产生要瓦解原形的趋向。变异的结果称为变形。变形的混乱无序与原形的规整有序相对照。变异手法可概括为扭曲、挤压、膨胀等。

1. 扭曲

破坏原形的力以曲线方向进行。例如弯、卷、扭等。如位于瑞典马尔默扭曲的螺旋中心大厦（图 3-22），实际上是一个含办公室的豪华公寓。据说这是瑞典扭转度最高的建筑，它的扭曲旋转度为 90 度。

2. 挤压

破坏原形的力以直线方式进行。如广州国际生物岛太阳系广场（图 3-23）中，建筑以开放包容的姿态铺陈、漂浮于基地之上，最大限度地保护和利用了地面上原本自然美好的空间。

3. 膨胀（收缩）

破坏原形的力以一点为中心向外扩散。如移动的中国城（图 3-24）将未来的中国城模型浓缩成一颗游荡的行星。

图 3-20　希腊巴特农神庙

图 3-21　西班牙毕尔巴鄂古根海姆博物馆

图 3-22　瑞典马尔默螺旋中心大厦　　　　图 3-23　广州国际生物岛太阳系广场　　　　图 3-24　移动的中国城

形态构成作品的决定因素

小贴士

　　一个形态构成作品的成功与否，并不取决于造型方法的复杂程度。富有创意的构思、精心的推敲和处理、恰当的造型方法，才是形成优秀形态构成作品的决定因素。在实际处理形态构成的过程中，往往运用到多种手法。如果是这样，就需要注意手法的主次关系，良好的主次关系有助于形成良好的形态。形态构成方法之间的界限并非那么清晰，它们的某些部分是互相包容的。

第三节　建筑形态审美

　　我们都希望形态构成具有审美的价值，要求造型必须美观。审美的心理如同过滤网一样，筛选出塑造美的造型的规律。审美的范围随着社会的进步在不断的扩大。总之，掌握构形的基本方法是基础，审美意识的提高则依赖于自身的修养，如何完美的结合，还需要很大的努力。

一、建筑的艺术性

　　建筑有可供使用的空间，这是建筑与其他造型艺术的不同之处。与建筑空间相对存在的是它的实体所表现出来的形态。建筑通过各种实际的材料表现出它们不同的色彩和质感。光线和阴影能够加强建筑形体起伏和凹凸感觉，进而增添建筑的艺术表现力。这些就是构成建筑形象的基本手段。

　　抛却建筑形象设计的文化传统、民族风格、社会思想意识等多方面的因素。一个良好的建筑形象，首先应该是美观的。那么我们来介绍一下运用这些表现手段时应注意的一些基本原则，它们包括比例、尺度、均衡、韵律、对比等。

1. 比例与尺度

就像人有高矮胖瘦的形体比例一样，建筑也有其比例。建筑形象所表现的各种不同比例特点常和它的功能内容、技术条件、审美观点有密切的联系。那么什么样的数量比例关系才能产生美的效果呢？所谓良好的比例，一般是指建筑总体的形象以及各部分之间具有和谐的关系，因此我们在建筑过程中就要不断地推敲比例。

尺度主要指建筑与人体之间的大小关系和建筑各部分之间的大小关系，它带给人们的直接感觉便是大小上的变化。在建筑设计中，除特殊情况外，一般都应该使它的实际大小与它给人印象的大小相符合（图3-25、图3-26）。

2. 均衡与稳定

建筑的均衡问题主要是指建筑的前后左右各部分之间的关系，要给人安定、平衡和完整的感觉。古典建筑采用对称布局和上轻下重的做法以获取这种均衡稳定的效果。我们需要注意的是，无论哪种做法，都应该从立体的效果上去考虑。

稳定主要是指建筑物的上下关系在造型上所产生的一定艺术效果，根据我们的日常经验，物体的稳定性与它的重心有关，当建筑物的形体重心不超出其底面积时，较易取得稳定感。随着现代建造技术的进步，取得稳定感的具体手法也在不断丰富。

3. 韵律与节奏

人们以自然现象、规律为模仿对象创造出了或连续、或渐变、或交错的韵律美，由此运用到建筑上，使建筑被誉为"凝固的音乐"。建筑中的许多部分或因功能的需要，也常常是按一定的规律重复出现的，如窗子（图3-27）、阳台、柱（图3-28）与栏杆的重复，都使其具有韵律感。

4. 对比与微差

对比是指要素间显著的差异，微差则是不显著的差异，就形式而言，这两者都是极其重要的。它们的结合应用可以在变化中求得统一。典型的建筑实例是土耳其的圣索菲亚大教堂（图3-29、图3-30），以半圆形拱作为立面要素，大小相间、配置得宜，既有对比又有微差，构成和谐统一又富有变化的有机统一整体。

图3-25 苏州园林中式凉亭

图3-26 俄罗斯海参崴哥特式建筑

图 3-27　欧式建筑窗子的重复

图 3-29　土耳其圣索菲亚大教堂

图 3-28　国会大厦柱子的重复

图 3-30　土耳其圣索菲亚大教堂内部

知名建筑赏析

土耳其圣索菲亚大教堂

　　圣索菲亚大教堂是现今位于土耳其伊斯坦布尔的宗教建筑，有近 1500 年的漫长历史，因其巨大的圆顶而闻名于世，是一幢"改变了建筑史"的拜占庭式建筑典范。圣索菲亚大教堂的特别之处在于平面采用了希腊式十字架的造型，在空间上，则创造了巨型的圆顶，圆顶离地 55 m 高，而且在室内没有用到柱子来支撑。工程师们发明出以拱门、扶壁、小圆顶等设计来支撑和分担穹隆重量的建筑方式，以便在窗间壁上安置又高又圆的圆顶，让人仰望天界的美好与神圣。圣索菲亚大教堂是当时的城市中心，在 17 世纪圣彼得大教堂完成前，一直是世界上最大的教堂。

二、建筑空间与形体

　　到了近现代，建筑更加强调空间的意义。建筑空间是一种人为的空间，事实上，空间与形体犹如一体两面，不能割裂看待。两者的差别只在于观察角度的不同，空间的美重在内部体验，而形体的美则流于外部表现，它们的完美结合诠释了美观的真正内涵。建筑之美不仅表露于外部形体，同时也体现在内部空间之中。

1. 基本含义

　　在认识建筑的空间形体之前，先要了解什么是"空间"。从哲学角度阐释，空间是与实体相对的概念。凡实体以外的部分都可以看作空间，空间是无形的存在。从科学角度解释，空间是与时间相对的概念。作为一种客观存在，空间表现在长、宽、高上的延伸。

从建筑角度出发,现代建筑家芦原义信在《外部空间设计》中的阐述:"空间是由一个物体同感觉它的人之间产生的相互关系所形成的。"表明空间的感知主体是人,并强调了主观体验的重要性。

2. 产生方式

在建筑中,空间的产生源于界面的改变,所谓界面包括水平方向的屋顶、地面和垂直方向的柱、墙、门、窗。界面通过形状、材质和高度的变化对空间进行围合限定,创造出不一样的空间效果。

3. 空间变化

相比较古典建筑,现代建筑最突出的变化有两个方面:一是空间由静态转向动态,二是空间由封闭转向开放。这与功能的发展、材料的更新密不可分,同时也与现代审美观念的变化息息相关。与古典建筑的沉静内敛大相径庭,现代建筑追寻的是一种灵动自由、内外交融、绽放自我的空灵之美。

(1) 空间的灵动。空间的灵动自由可以通过两方面实现:一是水平方向的变化组合,二是垂直方向的自由延伸,采用不同方向延伸的墙体,将空间灵活分割,并由此产生"流动空间"这一概念。

(2) 空间的交融。空间的内外交融同样可以通过两方面实现:一是界面的延伸变化,二是材质的透明处理。

4. 空间与时间

空间与时间的融合最能体现在中国古典建筑中,古人在"日出而作,日落而息"的生活中,由空间的变化得到时间的观念。

这种时空对应的观念在传统建筑中得以广泛体现。

(1) 方位与象征。古人认为天有昼夜、地分南北、天有五星分列、地具五行方位。并以方位对应的关系阐释对宇宙的理解。通过东南西北"四方"来象征春夏秋冬"四时"。在建筑中,采用四个方向的建筑围合,能够突出时空一体的对应特征。

(2) 移步换景。传统建筑以群组的方式纵向展开,时间的流逝借由空间的延伸得以呈现。建筑内部多用门窗、隔扇等虚体分隔,视线可以穿越,路线得以贯通,人行走其中,迈过一道道门槛,穿过一扇扇屏风,伴随时间的推移,空间渐次变化,步移景异,就像一幅缓缓打开的卷轴,让身处其中的人领略时空流转的美(图3-31、图3-32)。

图3-31 屏风对空间的大小分隔

图3-32 屏风对空间的层次分隔

第四节 案例分析

一、流水别墅

1. 建筑概况

流水别墅(图 3-33)是美国建筑大师 F.L. 赖特的经典作品，是为德国移民考夫曼设计的郊外别墅。流水别墅位于一片风景优美的山林之中(图 3-34)，是建于 20 世纪的最上镜的私人住宅。尽管它远在宾夕法尼亚州西南的阿巴拉契山脉脚下(图 3-35)，却每年都有超过 13 万的游客参观。

这座别墅房屋不大，共三层，建筑面积仅 400 m²。以二层(主入口层)的起居室为中心，其余房间向左右铺展开来，别墅外形强调块体组合，使建筑带有明显

的雕塑感。两层巨大的平台高低错落(图 3-36)，一层平台向左右延伸，二层平台向前方挑出，几片高耸的片石墙交错着插在平台之间(图 3-37)，很有力度。溪水由平台下怡然流出，建筑与溪水、山石、树木自然地结合在一起，像是由地下生长出来似的。别墅的室内空间处理也堪称典

图 3-35 阿巴拉契山脉脚下别墅标识

图 3-33 流水别墅近景

图 3-36 高低错落的平台

图 3-34 山林之中的流水别墅

图 3-37 片石墙交错着插在平台之间

67

范，室内空间自由延伸，相互穿插；内外空间互相交融，浑然一体。

整个别墅利用钢筋混凝土的悬挑力，伸出于溪流和小瀑布的上方（图 3-38、图 3-39）。在瀑布之上，赖特实现了"方山之宅"的梦想，流水别墅不但是赖特本人作品中特别卓越的一座，也是 20 世纪世界建筑园地中罕见的一朵奇葩。

图 3-39　溪流和小瀑布的上方 2

2. 建筑特点

（1）人与自然契合。在这里，并不只是用围合空间来限定建筑形式，以形成空间体验，更重要的是这些空间介于建筑与建筑、建筑与环境之间——走道、桥、平台以及台阶。流动的溪水及瀑布是建筑的一部分，永不停息。

（2）建筑与景观相互交融。置身流水别墅之中，触觉、嗅觉及听觉总是成为一个感受建筑及其布置的整体因素。房间的对角留有玻璃封闭的小窗（图 3-40），以免小溪的水声及水气渗入房间，通过它及悬挂的楼梯（图 3-41），使居住者从隐喻落到实际，以一种真正的运动感知方式经历与建筑的交流。

图 3-40　玻璃小窗

（3）质感的凸显。赖特给这所住宅取

图 3-38　溪流和小瀑布的上方 1

图 3-41　悬挂的楼梯

"流水别墅"这一名字，是要描述建筑与用地之间统一的和动态的联系。同时是要强调流水别墅在自然中的隐居所的角色，从而使得人们将它和别墅建筑及风景如画般设计的悠久传统相联系。屋内，悬在溪流上方的起居室地面铺着上了厚蜡的石板，光线照进来时，就像涟漪在河床上起伏。

(4) 出挑构造。挑板产生台阶式建筑露台空间，从整体的叠加式框架到具有相似几何形体的门窗洞口，再细化到工艺美术式的构件及墙面装饰。水平的杏黄色钢筋混凝土挑板，与从自然中生长出来的毛石墙面对立(图 3-42)，象征自由；条形的玻璃窗(图 3-43)削弱墙的概念，在外伸的巨大悬臂阳台下形成阴影，造成参观者视觉上的偏差，认为建筑的中心外移，溪水像是从建筑内部喷涌而出。

3. 材料的使用

在材料的使用上，流水别墅也是非常具有象征性的，所有的支柱都是粗犷的岩石(图 3-44)。石的水平性与支柱的直立性，产生一种明的对抗，所有混凝土的水平构件，看来有如贯穿空间，飞腾跃起，

赋予了建筑最高的动感与张力，例外的是地坪使用的岩石，似乎出奇的沉重，尤以悬挑的阳台为最(图 3-45)。然而当你站在人工石面阳台上而为自然石面的壁支柱所包围时，对于内部空间或许会有更深一层的体会。因为室内空间透过巨大的水平阳台而延伸，衔接了巨大的室外空间——崖隙。

图 3-43 条形的玻璃窗

图 3-42 挑板与毛石墙面的对立

图 3-44 粗犷的岩石支柱

4. 软装的布置

流水别墅内部空间陈设的选择、家具样式设计与布置都独具匠心。同时卡夫曼家人对这幢无价产业付出了爱和关切。他们以伟大的艺术品（图3-46）、家具（图3-47、图3-48）以及他们其他的私人物品（图3-49）来陪衬它。建筑永远是建筑师的作品，但却无法供给有关的私人物品。显然卡夫曼却能够办到，并能够珍惜赖特的一切努力。

5. 建筑意义

对于流水别墅的建筑意义，只有其建造者体会得最深刻。如赖特所说，流水别墅是一件了不起的天赐神物，它是地球上古往今来最伟大的天赐神物之一。它无与伦比，和谐感人地表达了休息的最高原则，这里的森林、溪流、岩石和所有一切结构、元素都如此宁静的融为一体。尽管激流的音韵正在鸣奏，你却听不见丝毫嘈杂之音，你就像倾听乡间的静谧一样倾听着流水别墅（图3-50）。

图 3-47　别墅内的小床

图 3-48　别墅内的家具

图 3-45　悬挑的阳台

图 3-46　别墅内的艺术画

图 3-49　私人物品图书

图 3-50　山间静谧的流水别墅

思考与练习

(1) 建筑形态的基本要素是什么?

(2) 建筑形态构成的主要方法是什么?

(3) 利用所学习的形态审美知识解析一座知名建筑。

(4) 讲述流水别墅的作者及其建筑风格。

第四章
建筑模型制作与方法

学习难度：★★★☆☆

重点概念：制作工具、制作材料、制作方法

章节导读

建筑模型是技术素养的集中表现

建筑模型制作是通用技术设计中触摸、体验、完善设计的重要环节，是技术设计中将构思、图样转化为实物的环节，是建筑设计者将思维物化的方法，是建筑设计者推敲和修改设计方案的工具，更是用手思考的设计方法，模型能把绞尽脑汁的苦思冥想转化为生动形象的立体创造，模型不仅是可视的，也能充分体现三维的视觉感和触摸感，制作模型的过程实际也是设计者从二维到三维的浪漫和严谨的体验，通过对模型制作的反复推敲和试验，可以帮助建筑设计者更快地促成设计方案成为理想的状态，使建筑设计者有成就感和自豪感，同时可以激发创作灵感。

优秀模型赏析

中国古建筑模型

中国古建筑中的木结构多重斗拱支撑的飞檐屋顶是世界古建筑中最具特色的一朵奇葩，其翼展之屋顶依梁架层叠及"举折"之法，角梁、翼角，橼及飞橼，脊吻等的应用，曲线柔和、优美壮丽，为中国建筑物之冠冕，而故宫角楼在中国古建筑中又非常具有代表性。故宫角楼是皇家建筑，因此其木作、石作和瓦作都严格按《营造法式》和清《工程做法》施工，易于查找所对应的资料和结构规范的相关数据。该建筑模型（图 4-1）选用柴木材料，较原实体大小比较适中，缩放至适当比例后，制作成品可以在居室内摆放。

图 4-1　中国古建筑模型

第一节　模型制作的目的

在营造构筑物之前，利用模型来权衡尺度、审曲面势，最为便捷。模型是根据实物的设计图样，按比例制得的相似的一种物体。一般通过模型可呈现产品的设计方案。原型通常是第一个能全面反映产品功能的形体，它广泛应用于新产品的开发中。有时原型就是最终产品。

模型具有两个功能。

一、使设计对象具体化

模型可视、可触、可控制，它是一种实体语言，为设计的表达和交流提供了一条有效途径，使设计委托者、生产单位和设计人员之间能够直接沟通和全面认识设计方案。

二、帮助分析设计的可能性

由于现代工业产品大部分是在大规模、自动化和巨额资金投入下生产出来的，因此，仅凭图纸提供的设计意图，很难把握设计的可靠性。如果设计一旦失败，损失将十分巨大，所以，设计一件较复杂的产品，必须通过模型制作，才能投入生产。

现代的建筑模型，绝对不是简单的仿型制作，它是材料、工艺、色彩、理念的融合。制作建筑模型，最基本的构成要素就是材料。模型制作的专业材料和可利用的材料众多，因此，对于模型制作人员来说，要在众多材料当中进行最佳组合，要求模型制作人员了解和熟悉每一种材料的物理及化学特性，并对其特性充分利用，做到物尽其用。再次，要掌握多种基本制作方法及制作技巧。合理地利用各种加工手段和新工艺，进一步提高建筑模型的制作精度和表现力。

总的来说，经常利用模型进行思考，会逐渐脱离比较简单、肤浅的视觉设计，从而走向更加综合、深入的触觉设计，同时也能更加精准地加强创造思维和动手能力。

第二节 模型制作程序

我们一般要根据模型对象的复杂性、规模性、目的性来决定建筑模型制作的程序。一般程序简单概括为以下几点。

(1) 模型制作计划

(2) 模型制作准备

(3) 底盘放样

(4) 制作建筑场地

(5) 模型构建制作

(6) 模型整体拼装

(7) 模型环境氛围调整

第三节 建筑模型制作的工具与材料

模型制作中材料与工具的选择至关重要，这直接影响着模型制作的精准度和质感，我们需要仔细挑选。

一、模型制作的工具

我们一般通过手工操作和机械加工完成模型制作，因此要选用比较实用的工具。

1.测绘工具

常用的测绘工具有以下几种。

(1) 比例尺 (三棱尺)(图 4-2)。比例尺是测量、换算图纸比例尺度的主要工具。其种类多样，使用时应根据实际需求选择。

(2) 三角板 (图 4-3)。三角板是用于测量和绘制平行线、垂直线与任意角的量具。常见的量程为 300 mm。

(3) 直尺 (图 4-4)。直尺是画线、绘图和制作模型的必备工具。常见的量程有 300 mm、500 mm、1 m 和 1.2 m 四种。

(4) 弯尺 (图 4-5)。弯尺是用于测量

图 4-2 三棱尺

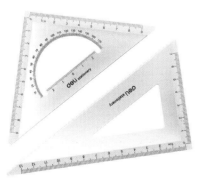

图 4-3 三角板

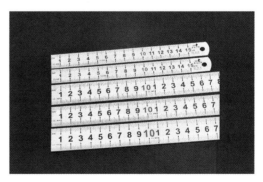

图 4-4 直尺

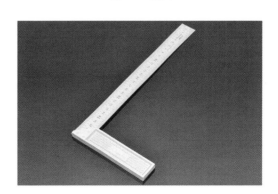

图 4-5 弯尺

90°角的专用工具。测量长度规格多样，是建筑模型制作中切割直角时常用的工具。

(5) 圆规 (图 4-6)。圆规是用于测量、绘制圆的常用工具。

(6) 游标卡尺 (图 4-7)。游标卡尺是用于测量加工物件内外径尺寸的量具。同时，它又是在塑料类材料上画线的理想工具。一般有 150 mm、300 mm 两种量程。

(7) 模板 (图 4-8)。模板是一种测量绘图的工具。利用它可以测量、绘制不同的形状。

(8) 蛇尺 (图 4-9)。蛇尺是一种可以根据曲线形状任意弯曲测量、绘图的工具。尺身长度有 300 mm、600 mm、900 mm 等多种规格。

2. 剪裁、切割工具

常用的切割工具有以下几种。

(1) 木材类切割工具。可分为软木切割工具和硬木切割工具两类。用于软木的切割工具有裁刀、平刀 (图 4-10) 等；用于硬木类的切割工具有锯子、劈刀 (图 4-11) 等。另外还有凿子、刨子 (图 4-12) 等木工工具。

(2) 泡沫类切割工具。泡沫类材料是制作模型时使用较多的材料，价格实惠且加工简单。一般常用的工具是泡沫电热刀 (图 4-13)、木工锯 (图 4-14)、裁刀、美工刀 (图 4-15) 等。

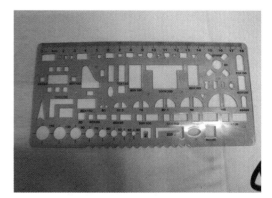

图 4-8　模板

图 4-6　圆规

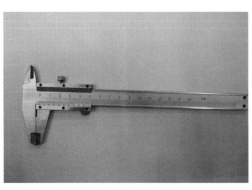

图 4-7　游标卡尺

图 4-9　蛇尺

建筑模型制作要点

制作模型时应先做到对所制作的对象进行认真的测量和绘图，对其所在的地形等高线进行准确测量，并在实际操作过程中严格按照等高线切割所有层高。对建筑则应按比例严格绘图，这种办法看似麻烦和多余，实际是精确度高、返工率小的一种办法。其具体做法为：首先，认真在制作模型的材料上放样绘图；其次，动用工具进行切割操作。如果未经以上程序操作而制成模型，则会因毫无真实性和准确性而不具有任何价值。

图 4-10　软木切割工具平刀

图 4-13　泡沫电热刀

图 4-11　硬木切割工具劈刀

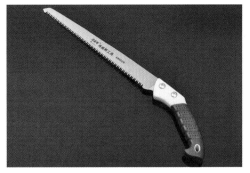

图 4-14　木工锯

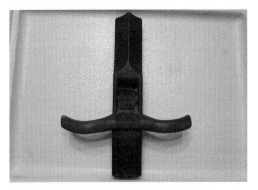

图 4-12　木工工具刨子

图 4-15　美工刀

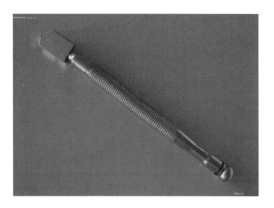

图 4-16　玻璃刀

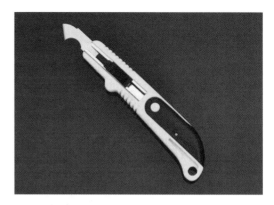

图 4-17　有机玻璃刀

(3) 玻璃、有机玻璃、塑料等材料的切割工具。分别为玻璃刀 (图 4-16)、有机玻璃刀 (图 4-17)、剪刀等。这些工具一般都是特殊的工具，也是其他工具所不能替代的，在使用时需根据不同的使用说明或按要求使用配套工具。

3. 热加工工具

热加工工具是完成建筑模型异形构件制作的必备工具。在选择这类热加工工具时，一定要注意其安全性。一般常使用的工具有以下几种。

(1) 热风枪 (图 4-18)。热风枪是用来对有机板、软陶等塑料类材料进行热加工的一种专门工具。该工具使用简单、加热速度快、加热温度可调节、安全性高，是热塑形的理想工具。

图 4-18　热风枪

(2) 塑料板弯板机 (图 4-19)。塑料板弯板机是模型制作者使用的专业弯板机。该工具加热均匀、加热宽度可调节，是塑料类板材的专业加工工具。

(3) 火焰抛光机 (图 4-20)。在建筑模型制作中，主要用于对有机玻璃，特别是对透明板材剪裁、切割、打磨后形成的不规则表面的热抛光，效果显著。

图 4-19　塑料板弯板机

图 4-20　火焰抛光机

4.涂色工具

传统的手法是采用笔刷、喷笔、刮刀等方法。目前，多采用喷气灌来喷色的现代方法，使用简便、干净，可以达到喷笔的效果。

(1) 笔刷。有软笔刷和尼龙制成的硬性笔刷，要依据不同的涂刷面积和部位选择适宜的类型。另外，依据表现效果，可把工具分为油性笔、水彩笔等。

(2) 喷笔(图 4-21)。主要用于小面积的色彩喷刷。喷枪(图 4-22)则可以对大面积的色彩进行调整，使用的时候注意两种工具结合，达到均匀美观的效果。

刮刀涂色的用具有绘画刀(图 4-23)、刮刀、调色刀、调色盘等。模型涂色除了用笔刷喷涂之外，局部还可以利用绘图刀具加以细致化处理，甚至可以利用刮刀做一些肌理效果。

二、模型制作的材料

在选择制作建筑模型的材料时，一般是根据建筑主体的风格、形式和造型来进行。在制作古建筑模型时，一般较多地以木质(航模板)为主体材料，因为用这种材料制作的古建筑模型具有同质、同构的效果。同时，也有利于建筑的表现。在制作现代建筑模型时，一般较多地采用硬质塑料类材料，如有机玻璃板、ABS 板、卡纸板等，因为这些材料质地硬而挺括，可塑性和着色性强，经过加工制作后可以达到极高的仿真程度，特别适合于现代建筑的表现。另外在选择制作建筑模型的材料时，还要参考建筑模型的类型、比例和模型细部表现及深度等诸要素进行。一般来说，材料质地越硬、密度越大越有利于建筑模型细部的表现和刻画。

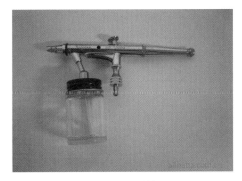

图 4-21　喷笔

图 4-22　喷枪

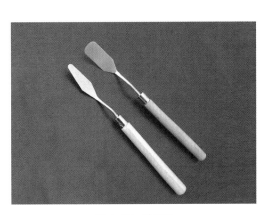

图 4-23　绘画刀

模型材料的选用

在现代建筑模型制作中，材料概念的内涵与外延随着科学技术的进步与发展，在不断地改变，而且，建筑模型制作的专业性材料与非专业性材料界限的区分也越加模糊。特别是用于建筑模型制作的基本材料呈现出多品种、多样化的趋势。由过去单一的板材，发展到点、线、面、块等多种形态的基本材料。另外，随着表现手段的日臻完善和对建筑模型制作的认识与理解，很多非专业性的材料和生活中的废弃物也被作为建筑模型制作的辅助材料。很多模型制作者认为，材料选用的档次越高，其最终效果越好。其实不然，任何事物都是相对而言，高档次材料固然很好，但是建筑模型制作所追求的是整体的最终效果，如果违背了这一原则去选用材料，那么再好、再高档的材料也会黯然失色，失去它自身的价值。

1. 主材料

主材料是用于制作建筑模型主体部分的材料。通常采用的是纸板、塑料材料、木材三大类。在现今的建筑模型制作过程中，对于材料的使用并没有明显的界限，但并不意味着不需掌握材料的基本知识。因为，只有对各种材料的基本特性及使用范围有了透彻的了解，才能做到物尽其用、得心应手，才能达到事半功倍的效果。

（1）纸板。纸板（图4-24）是建筑模型制作最基本、最简便，也是被大家所广泛采用的一种材料。该材料可以通过剪裁、折叠改变原有的形态；通过折皱产生各种不同的肌理；通过渲染改变其固有色，具有较强的可塑性。目前，市场上流行的纸板种类很多，有国产和进口两大类。其厚度常用的一般有0.5~3 mm，就色彩而言，达数十种，同时由于纸的加工工艺不同，生产出的纸板肌理和质感也各不相同，模型制作者可以根据特定的条件要求来选择纸板。另外，市场上还有一种进口仿石材和各种墙面的半成品纸张（图4-25）。这类纸张使用方便，在制作模型时，只需剪裁、粘贴后便可呈现其效果。但选用这类纸张时，应特别注意图案比例，否则就会弄巧成拙。总之，纸板无论是从品种，还是从工艺加工方面来看，都是一种比较理想的建筑模型制作材料。

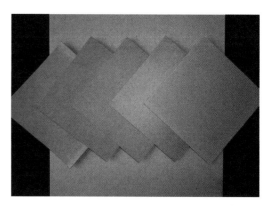

图4-24 纸板

图 4-25　仿墙面的半成品纸张

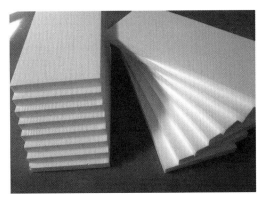

图 4-26　泡沫聚苯乙烯板

图 4-27　ABS 塑料板

图 4-28　有机玻璃板

（2）塑料材料。塑料材料主要包括泡沫聚苯乙烯板、ABS 板、有机玻璃板、PVC 板。泡沫聚苯乙烯板（图 4-26）是一种用途相当广泛的材料，属塑性材料的一种，是使用化工材料加热发泡而形成的，是制作模型常用的材料之一。该材料由于质地比较粗糙，因此，一般只用于制作方案构成模型、研究性模型。ABS 塑料板（图 4-27）是苯乙烯、丁二烯、丙烯腈的共聚物，具有强度高、质量轻、表面硬度大、光洁平滑、材质美、易清洁、尺寸稳定、抗蠕变性好等优点；ABS 塑料板通过现代技术的改进，增强了耐温、耐寒、耐候和阻燃的性能，机加工性优良。在模型设计制作中，ABS 塑料主要有板材、管材及棒材三种类型，板材常用于建筑与环境模型主体结构材料。模型制作常用的棒材长度大小规格为 50 mm，直径为 10 ~ 200 mm 不等。有机玻璃板（图 4-28）又称聚甲基丙烯酸甲酯，它是一种热塑性树脂合成物，有极好的透光

性，质量很轻、较灵活。但它易刮伤（运送时需包一层保护膜）。表面结构有磨光的、闪耀的、无光泽的、脱粒的、有沟纹的等。有机玻璃从品种上可分为无色透明和有色透明两种。有色有机玻璃是在有机玻璃中加入各种染料制成的。亚克力玻璃厚度为 1.5~8 mm，在涂上润滑油后用金属切削方式加工，适用于模型制造。板材

是常用的建筑与环境模型主体结构材料，是制作水面的首选材料。模型制作常用板材大小规格为 1200 mm×2400 mm，1200 mm×1200 mm，厚度为 10 ~ 200 mm。模型制作常用棒材长度大小规格为 50 mm，直径为 10 ~ 300 mm 不等。PVC 板材 (图 4-29) 是制作模型框架的首选材料，又称 PVC 塑料。主要有片材、管材、线材。其用途与有机玻璃相仿，透光 PVC 胶片是一种硬质超薄型材料，可涂饰各种颜色，加工切割方便，适合做现代建筑的透光材料。材料为瓷白色板材，厚度为 0.3 ~ 20 mm，是一种性能有别于 ABS 塑料板的用于手工及计算机雕刻加工制作建筑模型的主要材料。

(3) 木材。木材是制作木质建筑模型和底盘的主要材料，加工容易、造价比较便宜，天然的木纹和人工板材的肌理都有良好的装饰效果。下面介绍几种常用的板材：木工板、胶合板、硬木板、软木板、航模板和其他人造装饰板。木工板 (图 4-30) 有各种不同的颜色、颗粒状和厚度，木工板的大小约为 100 cm×10 cm，或

者一卷卷地卖，厚度为 1 ~ 5 mm。木工板用平地板板芯由紧密平放的木棍做成，两面都用由夹板做成的覆盖薄膜粘贴。细木工板是一种拼合结构的板材，板芯用短小木条拼接，两面再胶合两层夹板。细木工板具有坚固耐用、板面平整、结构稳定以及不易变形等优点。胶合板 (图 4-31) 是用三层或多层刨制或旋切的单板，涂胶后经热压而成的人造板材，各单板之间的纤维方向互相垂直(或成一定角度)、对称，克服了木材的各向异性缺陷。硬木板 (图 4-32) 是利用木材加工废料加工成一定规格的碎木，刨花后再使用胶合剂经热压而成的板材。硬木板的幅面大，表面平整，其隔热、隔声性能好，纵横面强度一致，

图 4-30　木工板

图 4-29　PVC 板材

图 4-31　胶合板

图 4-32　硬木板

图 4-33　软木板

加工方便，表面还可以进行多种贴面和装饰。硬木板是制作板式家具模型的理想材料，其横切面由于细腻平整，通过板材的相互叠加胶合后，切、刨制方便而易于加工平缓的单向曲面。但硬木板容易受潮而膨胀变形，用其制作的模型需要封漆隔潮。硬木板目前尚存在质量较大和握钉力较差的问题。

　　软木板（图 4-33）是由混合着合成树脂胶黏剂的颗粒组合而成的。软木板的组织结合较不紧密，也因此显得较软，且质量也只有硬木板的一半（大约10.95 kg）。软木板加工容易，无毒、无噪声且制作快捷，用它制作的模型有着其特有的质感。制作模型时若软木板厚度不

够，可把软木板多层叠加粘起来以达到所需的厚度。加工时，单层的可用手术刀或裁纸刀裁切，多层或较厚的则可用台工曲线锯和手工钢丝锯。航模板（图 4-34）是采用密度不大的木头经过化学处理而制成的板材。这种板材质地细腻且经过化学处理，所以在制作过程中只要工具和方法得当，无论是沿木材纹理切割，还是垂直于木材纹理切割，切口部都不会劈裂。此外，由于现在模型制作都由激光雕刻机来完成，其表面图案更加精美，切割成各种异型也都得心应手。其他人造装饰板可以应用于模型制作的有仿金属、仿塑料、仿织物和仿石材等效果的板材。还有各种用于裱糊的装饰木皮（图 4-35）等，都可以应

图 4-34　航模板

图 4-35　装饰木皮

用到模型的制作中。

2. 辅助材料

用于制作建筑模型主体以外部分的材料就是辅助材料，同时也是加工制作过程中使用的胶黏剂。它主要用于制作建筑模型主体的细部和环境。辅助材料的种类很多，无论是从仿真度还是从实用价值来看，都远远超过了传统材料。

(1) 金属类材料。包括金属板（图4-36）、金属管（图4-37）、金属线材（图4-38）等。金属材料有利于模型细部的精致刻画，但是对加工方法和工具等有较高的要求。

(2) 可塑性材料。包括黏土（图4-39）、石膏（图4-40）、油泥（图4-41）、陶土（图

图 4-38　金属线材

图 4-39　黏土材料

图 4-36　金属板

图 4-37　金属管

图 4-40　石膏材料

图 4-41　油泥

4-42)、水泥（图 4-43）等。黏土可用作研究性的建筑模型材料，也可填压到木模内，做出模型所需要的各种象征性人物、车辆、家具等点景小品；石膏一般作为制造小品模型的专用材料，尤其是在模型中的环境处理上进行装饰表现时较为常用。石膏和黏土一样，也可以灌入木模里，制成模型中所需的配景；油泥材料主要用于雕塑小品、园林小品，但价格较贵；陶土和水泥等材料主要用于地形制作、雕塑小品、园林小品。

（3）胶黏剂。包括 502 胶水（图 4-44）、双面胶（图 4-45）、万能胶（图 4-46）、白乳胶（图 4-47）、天那水（图

图 4-42 陶土材料

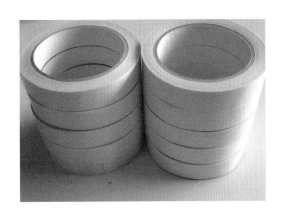

图 4-45 双面胶

图 4-43 袋装水泥

图 4-46 万能胶

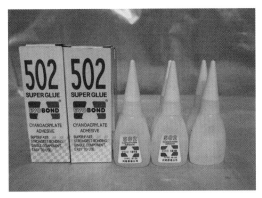

图 4-44 502 胶水

图 4-47 白乳胶

4-48)以及玻璃胶(图4-49)等。为了确保模型的质量,在实际操作中,要全面地考虑黏结强度和黏结效果、黏结后的环境条件、被粘贴物的形状和大小、粘贴方法、操作特性等各个方面。采用最适宜的方法和材料,如胶带(图4-50)不需要干燥时间,可显著提高工作效率,故成为现在比较推崇的材料。

图 4-48　天那水

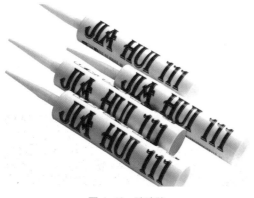

图 4-49　玻璃胶

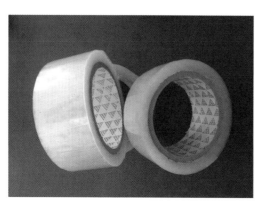

图 4-50　胶带

第四节　建筑模型制作方法

模型制作方法包括模型制作计划、基底制作方法、底盘放样、配件制作等多个部分,其是一个相对复杂、细致的工作。

一、模型制作计划

在我们开始制作模型时,首先必须考虑的就是模型的"表现方法",按照"表现方法"就可以确定大致制作方式以及比例。小区规划(图4-51)、城市规划(图4-52)等大范围的模型,比例一般为1:3000 ～ 1:5000,住宅模型(图4-53)在建筑物不是很大的情况下,可采用1:50的比例,力求让人看得清楚。如果是组合建筑物(图4-54),可以采用1:200 ～

图 4-51　小区规划模型

图 4-52　城市规划模型

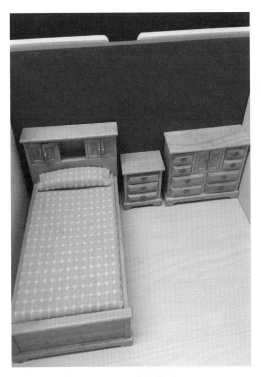

图 4-53　住宅模型

图 4-54　组合建筑物模型

1:400 的比例。比例是确保建筑物真实效果的重要因素，因此需格外重视。制作顺序为先确定比例，然后做出建筑用的场地模型，模型的制作者必须清楚地形高差、景观印象等。最后大脑对其进行立意处理，便可着手进行模型制作了。

二、基底制作方法

制作基座需注意两方面的因素，一方面要依据建筑设计的实际高度、体量、占

地面积的大小，另一方面也要依据委托方的要求等相关问题综合作出比例决定。决定了比例之后，便可以按照模型基座、建筑场地的空间顺序开始制作。此时根据实际大小，考虑把模型做成一体式的定型模型，还是做成方便移动以利于展出的组合式模型。

三、底盘放样

放样就是依据设计图纸进行等比例的放大或缩小，并将其移到之前做好的基座上，确保与原图纸一模一样。放样的方法：一般采用打印图纸的办法，直接打印所需大小比例的图纸，然后将打印好的图纸放在基座上，在其背后垫上复写纸，再用圆珠笔按设计的线描绘一遍。

四、配件制作

配件制作包括配景模型制作（主要是指室外环境的植物、人物、汽车、小品、石景以及水景等配景元素）和模型件制作（主要包括建筑模型和室内模型）。

配景模型制作的方法如下。

1. 植物、人物、汽车

树木和灌木（图 4-55）为主要植物，

图 4-55　树木和灌木模型

图 4-56　各类汽车模型

基本由绿色的叶子和树的枝干构成。绿色的叶子可以用锯末、海绵、丝瓜瓤等材料制作，树的枝干可以用不同粗细的铁丝或铜丝等材料制作。人物与汽车（图 4-56）在环境中起点缀作用。以上配景模型在环境的布置中需求数量多，可多做备用。

2. 小品

小品类的模型包括亭子、站亭、灯具（图 4-57）、小桥（图 4-58）、雕塑（图 4-59）、石景以及小型建筑、构筑物等。大部分可在商店购买，有专门需要时可自己制作。

3. 石景

制作石景（图 4-60）时，我们可以用泡沫、聚苯乙烯之类的表面松软的材料来处理。最好用工具按压或绘制成石景的效

图 4-58　小桥

图 4-59　雕塑

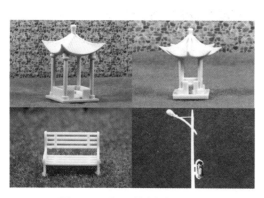

图 4-57　亭子、站亭与灯具模型

图 4-60　泡沫、聚苯乙烯制作石景

果，也可以做一些凹槽阴影来呈现更好的效果。制作石面一般采用刻画工艺，也可以采用计算机雕刻技术，在 ABS 胶板材料上雕刻成石块图形，然后涂上理想的石材色彩即可。

4. 水景

水面不大时，一般采用象征性手法，即用蓝色有机玻璃衬底 (图 4-61) 即可，但蓝色有机玻璃的设置一定是在最底层，就是将整个地形铺满。也可采用局部铺底的办法，这样的话就比较麻烦，但可以节约材料。水面较大时，可以采用硅胶做水纹、喷泉的手法 (图 4-62)。

模型件制作的主要方法如下。

1. 建筑模型件

受建筑风格、结构等关系的影响，除有意设计的构架式建筑之外，很少将结构全部外露。在制作混凝土墙面时，可以选用具有柔软特性的粗陶和软质木材制成纹理粗糙的模型，来表现混凝土平面 (图 4-63)。也可以利用泡沫、聚苯乙烯板面上所固定的粗糙麻面来表现混凝土。对于面砖、石板等对象，可以选用粗绢、花纹纸以及有浮雕花纹的材料进行表现 (图 4-64)。

2. 建筑模型装饰附件

主要指主体建筑上的突出物，如阳台 (图 4-65)、阳台扶手 (图 4-66)、雨棚 (图 4-67)、凉亭 (图 4-68) 等，这些附属件需要单独制作。在制作过程中，不仅要追求细部的表现刻画，还要注重整体的协调统一。

图 4-61 蓝色有机玻璃衬底

图 4-63 软质木材制成混凝土的墙面

图 4-62 硅胶做水纹

图 4-64 花纹纸制作的石板

图4-65 阳台

3.开口部分

窗户(图4-69)、出入口(图4-70)、玻璃幕墙(图4-71)等都属于建筑模型的开口部分。模型视觉表现的重要部分是门窗洞口,如果没有表现好,会直接影响到模型的完成程度。如今,建筑中玻璃占主导地位,其幕墙的框架处理和

图4-66 阳台扶手

图4-69 窗户

图4-67 雨棚

图4-70 小区出入口

图4-68 凉亭

图4-71 玻璃幕墙

玻璃表现将对模型的质量起到决定性的作用。

4.屋顶

因为人们观看模型时大多采用俯视的视角，因此屋顶的制作要格外精良（图4-72、图4-73）。如平板类屋顶材料基本是以筒瓦、机瓦等材料表现不同的建筑风格，因此这类模型的表现应注意发挥材料的特性。

第五节　案例分析

这件模型的风格属现代建筑风格（图4-74），制作比较简单，呈现出来的效果却很好。

一、模型分析

建筑模型主题构造并不复杂，其左侧利用海绵，将其裁成条状，染成绿色做成灌木丛（图4-75）。道路两侧的树木（图4-76）是用锯末染成黄色和绿色粘贴在铜丝制成的枝干上完成的。为了营造更好的环境氛围，在模型中安装电池盒与灯具

图 4-74　建筑模型

图 4-72　屋顶 1

图 4-75　灌木丛

图 4-73　屋顶 2

图 4-76　树木

（图 4-77），因为灯具较多，所以选择了两个电池盒。因为无特殊要求，小车（图4-78) 的模型是直接在商店购买的。

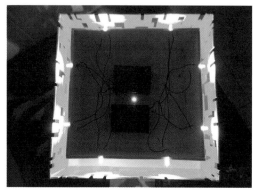

图 4-77　电池盒与灯具

二、材料选择

建筑主体墙板采用 5 mm 厚的 PVC 发泡板制作，用剪刀以及裁刀裁剪出形状（图 4-79），然后采用 502 胶水粘贴，为了保持建筑的稳固，底部也进行了粘贴（图 4-80)。

三、完成效果

整件模型的亮点在于开灯之后制造的光影效果（图 4-81 ～图 4-83)，镂空的墙体使得整个模型充满了梦幻般的色彩。

图 4-78　小车

图 4-79　裁剪出形状

图 4-80 粘贴完成

图 4-81 光影效果侧面图

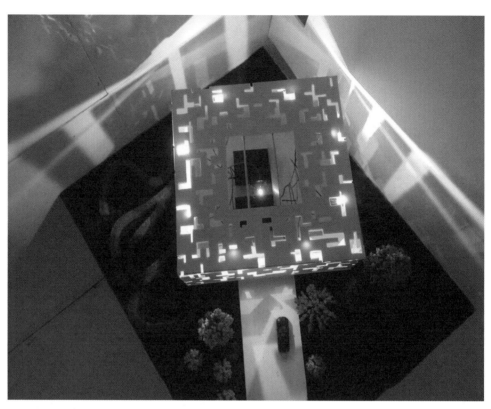

图 4-82　光影效果俯视图

图 4-83　光影效果整体图

思考与练习

(1) 熟悉模型制作的程序并且掌握制作程序的重点。

(2) 认识模型制作的各种工具以及各类材料，了解它们的获得渠道。

(3) 思考一下模型制作需要注意哪些细节问题。

(4) 掌握模型制作的方法以及熟悉模型的各部分，结合实际，尝试制作简单的建筑模型。

第五章

建筑设计表达技法

学习难度：★★☆☆☆

重点概念：设计、绘画方法

章节导读

　　设计是一种创造，建筑师用图、文等手段将自己的创造力付诸于实践。因此，建筑设计是具有实践性的工程设计。设计的表达作为设计的媒介，是设计的必要组成部分，为实施建筑工程提供了依据。建筑因其体量之大、保存久远，而成为城市建设的重要内容甚至主体，也进而成为城市景观的重要组成部分。因为对建筑的形象要求，使建筑具备了不同于其他工程的双重属性，即功能性与艺术性的并存。这就说明，建筑既是工程作品，又是艺术品。由此得出，建筑设计既是工程策划，又是艺术创作。与此呼应，建筑设计的表达也需要双重媒介，不仅需要工程技法，也需要艺术手法。

优秀手绘效果图赏析

手绘马克笔公园一角表现效果图

图5-1取景于某公园一角，里面综合了建筑、植物和水景等元素，针对这几个元素进行的刻画，用色比较稳重、淡雅，塑造的光影关系比较强。

第一节 建筑设计表达概论

一、建筑设计表达的意义

我们从不同的对象来探讨建筑表达的意义。

1. 对于设计者来说

作为设计的创作者，通过多种表达技巧来收集资料，表达和推敲设计意图，然后与有关人员沟通和交流，最终修改完成

设计，从而做到全部执行性成果的表达。

2. 对于业主来说

作为设计的委托方，是设计任务书的制定者。在设计过程中，业主对设计者所表达的设计文件内容进行鉴定、选择，提出修改意见和做出最终决策，以便使建筑满足使用需求，符合其期待的效果。

3. 对于工程技术人员来说

工程图纸是工程技术人员、施工人员等指导施工、进行施工的依据。他们的职责是严格按照图纸施工。在施工过程中，如果工程技术人员发现或遇到了其他的问题，还可以通过多方协商，使设计更加的合理美观。

4. 对于一般群众来说

建筑的展示性、公开性使公众对建设

图 5-1 手绘马克笔表现效果图

的意见越来越受到重视。通过以效果图为主，配有主要线条图和简要说明的文件来帮助公众认识和理解设计十分必要，在此基础上可以引导他们对设计进行评议，然后提出建议，帮助完善建筑设计。

二、建筑设计表达的特点

设计的表达有其自身的特点。

1. 精确性

精确、严谨地描绘设计对象是工程设计应用绘图的必备条件。由于建筑物体量较大，建筑工程图需要按一定的比例来绘制，比例由图的内容决定。一般采用比较容易转换的百、十等的整数倍，如 1:1000、1:100、1:50、1:5 等。

2. 层次性

一般工程项目比较复杂，所以建筑设计需要循序渐进、不断深入。设计与表达分为三个阶段：方案设计、扩初设计和施工图设计。各层次阶段依次深化、彼此连续，它们的表达也同样显示出层次性：随着设计层次的不断深入，设计表达将由简到繁、由粗到细的不断深化，表达内容和形式也会产生变化。

3. 多元性

除了不同设计阶段的表达发生变化外，对于不同的对象，设计表达在内容、类型和形式上也需要有不同的针对性，以适应其不同的作用和目的。

4. 动态性

以恰当的表达方式对应一定的设计状态，这种表达与设计的相互依存决定了它们之间的动态关系，即使是设计表达本身也在随着科学、技术和工具的进步与发展

而产生动态变化。

第二节　建筑绘画

建筑绘画（图 5-2、图 5-3）可简单地认为是以建筑之美为目的的绘画形式，并能直观地展现建筑风貌。但广义来讲，建筑画即建筑与绘画的创作互动，可体现为建筑与绘画对艺术风潮的共同追求及根据绘画作品创造建筑。亦可表现为在绘画过程中的探索和建筑创作。绘画与建筑这两种创作的对话，可以给建筑师带来丰富的灵感。建筑绘画是构思、设计的表达手段之一，前文所述的建筑模型一章也是建

图 5-2　勒·柯布西耶旅行手绘图

图 5-3　勒·柯布西耶旅行草图

勒·柯布西耶学习建筑绘画

小/贴/士

1911年，勒·柯布西耶完成了他非正式的学习，也是他的第二次旅程，这次旅程被他称为"东方之旅"。这时，他对于纪念性建筑有了更深入的理解，他开始关注建筑和日常文化的关系。他通过日常的训练成为了日常记录绘画的大师。通过对观察方式的训练，他发展了一系列的方法，可以熟练地操纵绘画、写作等各种媒介。

更加重要的是，他通过绘画了解了建筑的本质：色彩、形式、光影、结构、构成、体量、表面、文脉、比例和材料。这些旅行草图成为了他学习的一种方式，从中我们可以发现他的发现和视觉体验。尽管他从来没有过正式的建筑学习，但是他对世界的兴趣可以从这些草图中发现，这些让他成为了一名不断学习、不断进步的建筑师。这些都为他之后的发展奠定了基础，让他真正成为勒·柯布西耶。

筑设计表达方法之一，这里不再做过多赘述。在建筑绘图的过程中，我们应当考虑的是如何在表现图中着力表现建筑，尤其是要强化设计的优点和重点；如何描绘环境，进而衬托和美化建筑设计；如何利用光和色彩表现建筑、营造氛围，进而起到表现和展示作用，让观者理解其设计意图，并且表达赞赏。

一、绘画方法

常用建筑表现图是以建筑工程图纸为依据，是建筑师构想与委托方相互交流的途径，也可以说，建筑绘画的创作没有束缚，可以突破条条框框的限制，也可以严谨深思地细细描绘。就常见建筑手绘表达而言，可通过观察、分析、临摹和创作来进行学习。具体方法可以分为设计的定位、轮廓的塑造、光影的处理、色彩的选择以及绘画的要点。

1. 设计的定位

设计定位即在绘画前对建筑表达的构思，选定表达重点（图5-4）。如规划性建筑设计重点是表达建筑群体的相互关系并注重整体表现效果；单体建筑表达重点在于建筑体块、造型特点及周围空间塑造；室内效果图则是正确反映空间的特点，如界面的细部设计、装饰部件的选位、材质与色彩的运用及灯光的设置。确定表达重点之后，依据不同情况选择表达技法。如铅笔表达、钢笔表达、水彩表达等。

2. 轮廓的塑造

以"轮廓"表现建筑的"形"，轮廓包括外部轮廓及凹凸转折，我们以透视图为例（图5-5至图5-8）。由于透视图中建筑的某些平行线会相交于一点，因此，视点位置的改变会使同一物体呈现出近大远小的规律。将建筑简化为立方体，便能产生长、宽和高三个方向的三组平行线组。

图 5-4　建筑体块与周围空间的塑造手绘图

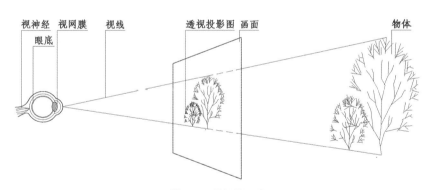

图 5-5　透视图原理

图 5-6　室内一点透视图

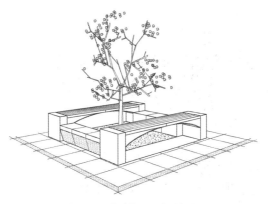

图 5-7　庭院景观两点透视图

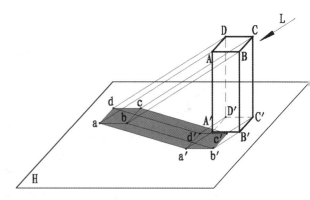

图 5-9　阴影形成原理

图 5-8　建筑外观三点透视图

凡是与画面相平行的线组的透视仍保持与画面平行，凡是与画面不平行的线组的透视必然在与观察者眼睛等高的水平线上交于一点，即消失点。"形"是否准确取决于透视方法的正确与否。选择合适的视距、视角和视高，能使"形"的表达取得良好的效果。

3. 光影的处理

光的照射使建筑的各面出现明暗变化，并使建筑的凹凸转折产生阴影（图5-9）。光亮与阴影是互为依存而又彼此对立的两个方面，物体在光照与环境影响下的明暗变化是错综复杂的，只有处理好建筑的光影关系，刻画其细微的变化，才能准确地表达建筑的凹凸起伏，赋予建筑体积感，也才能营造建筑的环境氛围（图5-10、图5-11）。

图 5-10　室内场景透视阴影

图 5-11　室外场景透视阴影

透视制图的重要性

小／贴／士

透视是一种传统制图学科，在计算机制图普及之前，一直占据设计制图的核心地位。它的绘制原理复杂，绘制方法多样，大多数初学者都对此感到很困惑。在现代环境艺术设计制图中，设计者多用计算机三维软件来绘制透视图，绘制简便、画面整洁、容易修改，很多人不再重视学习透视制图原理，在实际工作中仍然会出现许多问题。此外，近年来很流行徒手快速制图，要求在极短的时间内绘制出设计对象的透视效果，满足投资方的阅读要求。这些都要求设计者能深入了解透视制图原理，掌握透视制图技能。

学习透视制图要求设计者保持头脑高度清醒，善于逻辑推理，在制图过程中要多想少画。

室外透视一般选择阳光作为光源，夜景和室内透视则选用灯光。在透视图中通常会使正、侧两面受光，但要避免两者受光均等。由于透视阴影的求作比较麻烦，因而在实际工作中一般采用近似方法来确定光影的大体轮廓，为了避免发生明显的错误，必须掌握阴影变化的基本规律，以及徒手绘制透视阴影的方法。

4. 色彩的选择

建筑色彩具备色相、明度、纯度三种要素，在色彩的选择上要慎用原色，恰当使用间色，较多采用复色。建筑绘画的色调应该以建筑的色彩为主调，一般来说，建筑画的色调比较柔和、雅致（图5-12、图5-13）。建筑画除了重点刻画建筑物之外，还可以利用色彩在色相、明度和纯度等属性上的变化，来表明空间层次和环境氛围。

5. 绘画的要点

(1) 建筑主体。在塑造建筑体量时，

图 5-12　柔和色调的建筑画

图 5-13　凸显环境氛围的建筑画

明暗交界线的恰当描绘是表现其体量感的捷径。在对建筑形体的体块进行描述后，以明暗色调表现不同的面，特别是主要表现面与其侧立面的交界描绘，以暗面衬托亮面，达到塑造建筑形体的目的。

(2) 配景选择。常用配景包括植物、人物、车辆、道路、天空、水面，在进行塑造时经常结合建筑或场所布置广告、灯饰或雕塑，以达到较为真实的环境和场所氛围（图 5-14、图 5-15）。除了塑造建筑场所氛围外，配景亦可显示建筑尺度。配景也可以调节建筑表现图的平衡，并可将观看者的视线引向画面的重点，例如植物能够表现出建筑的场所，特殊的植物能够表现出地域、场所及建筑风格；树木常被作为远景或前景使用，作为远景的树木可协助表现图形的空间深度并暗示道路指向，作为前景的树常以轮廓线的形式出现，起到了框景的作用；人物出现一般有显示建筑的尺度、增加建筑表达图中的场景氛围、协助构图和增加空间感的作用。人物的使用和表现常使用符号化的简单线条；车辆因其运动的特性，可为静止的建筑和场景增添动势和生机，也可以协助构图，强化道路走向和场地关系。若控制好比例和透视方向，并辅以阴影塑造，可增加车辆的速度感。

(3) 道路绘制（图 5-16）。绘制道路的时候，可以做简化处理，近处颜色较深，远处因反光等原因较亮。地面因面积较大、材质光滑而产生的投影，也可以丰富地面和场景。绘制倒影的时候对其形象和色彩

图 5-14　植物、配景

图 5-15　人物、水面配景

图 5-16　简化道路手绘图

进行简单概括即可。

（4）天空绘制。绘制天空的时候，色彩纯度越远越弱，明度越远越高（图5-17）。建筑与光线的结合可以凸显建筑及环境氛围的特殊效果（图5-18）。

二、绘画工具及其效果

绘画工具分为书写工具和载面。书写工具主要有铅笔、炭笔、蜡笔、钢笔、马克笔、软笔、水彩颜料和水粉颜料。载面主要有拷贝纸、硫酸纸、绘图纸。

图 5-17　天空色彩纯度手绘图

图 5-18　建筑与光线结合营造闲适的环境氛围

1. 书写工具

(1) 铅笔。铅笔可用做色调融合和暗部阴影。越硬的铅笔绘图越精细、越浅，软铅笔可用来表现密且深的色调。徒手画多采用 HB、B 和 2B 型号的铅笔。目前也有专用的绘图铅笔(图 5-19)，质地均匀细密，画出的线条更流畅。自动铅笔(图 5-20)适合画精细部分，因其笔芯较细，要掌握好力度。还有一种不溶性彩色铅笔(图 5-21)，颜色全面、绘图效果好，容易掌握。

(2) 炭笔。炭笔笔触比较粗犷，是质感很好的绘画工具。色阶表现的丰富程度超过铅笔，并可以辅助手指涂抹出柔和的色调层次，但炭笔附着力差，画完需喷一层素描定画液。木炭条(图 5-22)质感最软，适合大幅度的挥洒用笔。炭精条(图 5-23)笔触手感稍硬，但附着力稍强于木炭条。炭铅笔(图 5-24)结合了铅笔和炭笔的优点，既有一定附着力，笔触又不会像铅笔那样反光。

(3) 蜡笔。蜡笔(图 5-25)拥有较好

图 5-21　不溶性彩色铅笔

图 5-19　中华绘图铅笔

图 5-22　木炭条

图 5-20　自动铅笔

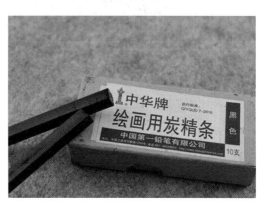

图 5-23　炭精条

图 5-24　炭铅笔

图 5-25　蜡笔

的手感，可以根据运笔手势的轻重画出富有变化的线条，并且颜色丰富。在搭配使用较厚的纸张时，可配合松节油（图 5-26）使用，用其溶解蜡笔笔触，可以产生柔和的色调效果。

(4) 钢笔。普通钢笔（图 5-27）能画出流畅、均匀并且持久的线条。美工钢笔（图 5-28）将钢笔尖处理成弯头，可以根

据运笔的角度画出粗细不等的线条。钢笔制作的建筑绘画效果好，利于保存和印刷，但缺点是无法反映建筑色彩。

(5) 马克笔。马克笔属各类专业手绘的常用工具，笔头为密致毡头，墨水分为油性、水性和酒精三种。水性马克笔（图 5-29）的笔触可以局部溶解于水。油性马克笔（图 5-30）的笔触防水，颜色饱和度

图 5-26　绘画松节油

图 5-28　美工钢笔

图 5-27　普通钢笔

图 5-29　水性马克笔

较高。酒精马克笔 (图 5-31) 的笔触透明感很好，适合画一些笔触透明、叠加的快速效果表现图。

(6) 软笔 (图 5-32)。软笔的笔头用塑胶材质所制，连接墨水并模仿传统毛笔效果，适合白描式画法。

(7) 水彩颜料和水粉颜料。水彩颜料 (图 5-33) 以水作为媒介调和颜料作画，透明度较高，会显出随机的水色结合肌理和效果。水粉颜料是一种不透明的颜料，因其廉价而作为油画颜料和丙烯颜料的替代品用于练习。水粉 (图 5-34) 常以白色颜料作为媒介，以色块的形式作画，色层较厚，可表现出质感。水彩和水粉常配以毛笔类的画具。

2. 载面

(1) 拷贝纸。拷贝纸 (图 5-35) 是一种很薄的半透明纸张，有一点韧性，可以

图 5-30　油性马克笔

图 5-31　酒精马克笔

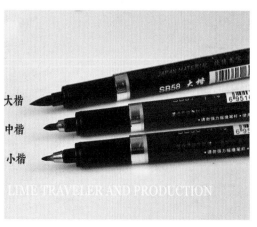

图 5-32　不同规格的软笔

图 5-33　水彩颜料

图 5-34　水粉颜料

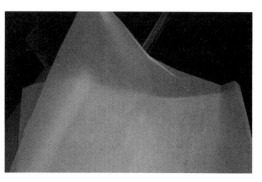

图 5-35　拷贝纸

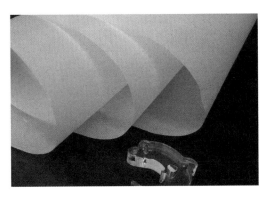

图 5-36　硫酸纸

图 5-37　绘图纸

反复折叠蒙拓,方便在原基础上多次修改,在设计过程中用以绘制和修改方案,比较适合与较软的铅笔搭配使用。

(2) 硫酸纸。硫酸纸(图 5-36)为专用拓图纸张。其纸质纯净、强度高、透明度高,有多种厚度可选择。可用于画稿与方案的修改和调整。因为其表面比较光滑,适宜使用附着度较高的墨笔。

(3) 绘图纸。绘图纸(图 5-37)是专供绘制尺规图的用纸。其纸质紧密而强韧,低光泽,具耐擦、耐磨等性质。适用于铅笔、墨笔或马克笔等工具的绘图所需。

三、绘画类型

绘画类型主要分为铅笔画、钢笔画、水彩画、水粉画、马克笔画。

1. 铅笔画

铅笔绘画的主要表现手段为线条。常见的铅笔绘画方法有渲染法、白描法和混合法。

(1) 渲染法。渲染法富有光影效果,对于检验设计实效很有用处。表现时,在轮廓准确无误的情况下,适度掌握黑、白、灰基调(图 5-38)。

(2) 白描法。该方法比较适合要求有勾线基础、线条流畅有力、达到一定装饰效果的对象。白描法特点在于清新利落,各部位都能交代清楚,利于设计实施(图 5-39)。

(3) 混合法。将渲染法与白描法相结合,既能突出主题的重要,又能丰富画面的层次(图 5-40)。

图 5-38　铅笔画渲染效果

图 5-39　铅笔画白描效果

彩色铅笔画

彩色铅笔使用成本低廉，是很多设计师徒手表现的首选工具，看似简单的彩色铅笔在使用时却非常复杂，对设计师的素描功底要求很高，着色时要耐心、细心，用整齐的线条排列出丰富的色彩面域。水溶性彩色铅笔是近年来比较流行的效果图工具，它的笔芯柔和细腻，削尖后能深入刻画细节，需要时刻保持尖锐的状态，因此最好使用转笔刀来削切。当然，粗钝的笔尖也可以描绘云彩、水泊，适度的加水可以形成水彩渲染效果，使画面淋漓畅快，与深入的细节形成鲜明对比。

2. 钢笔画

钢笔画的主要技法是排列组织线条，利用其调式、线条和色块组织，构成空间和层次。主要方法可分为排线法、白描法和黑白法。

(1) 排线法。排线法就是将素描的技法运用在钢笔画中，利用钢笔排线成明暗不同的调式，以塑造形体或空间，是一种比较写实的手法 (图 5-41)。

(2) 白描法。白描是以墨线不着色靠线来塑造形象，就是用描线来刻画对象。此方法需要构图严谨，讲究线条，并安排配景营造整体气氛。在实际绘画中，多用于速写整理，适合描绘东方传统建筑，可用美工笔和软笔来进行 (图 5-42)。

(3) 黑白法。黑白法就是运用大块的黑、白、灰穿插安排，再以自由线条加以协助塑造，最后形成装饰性较强的画面。由于对线条的使用方法不同，在建筑表现图中，有的偏重于用线描的方法来勾画建筑物的内部轮廓；有的强调线条的自由变化，有的强调线条的统一，但基本可以以

图 5-41　钢笔画排线法

图 5-40　铅笔画混合效果

图 5-42　钢笔画白描法

图 5-43 钢笔画黑白法

图 5-44 灵动效果的建筑水彩画

掌握黑、白、灰三种元素的使用为练习目的 (图 5-43)。

3. 水彩画 (图 5-44)

水彩颜料绘制成的建筑画表现力强, 能丰富材料的质感和色彩, 效果真实生动。其技法为通过平涂和退晕等方式多次叠加、着色, 程序为先浅后深, 以铅笔线做轮廓。在创作水彩画控制颜色的同时, 如何控制好水成为画好水彩画的重点之一, 即掌握好颜料本身的透明性, 利用水的流动性来绘画。水与色的结合、其透明性和由水带动的随机性产生的肌理都是值得探索的材质特征。而色与水相融产生的色彩干湿、浓淡的变化及不同程度的渗透都是

水彩画表现力的产生途径, 以此可形成透明酣畅、亦真亦幻的视觉效果, 可表现出环境的灵动之美, 较适宜即兴速写。

4. 水粉画 (图 5-45)

水粉颜料绘制的建筑画具有效果鲜明、强烈的优点。但同时又不够含蓄、柔和, 较为生硬。主要用于建筑表现图。其技法特点为覆盖, 制作程序为先深后浅, 因为颜色越浅, 含粉越多, 覆盖力越强, 在上色后再勾画轮廓。

5. 马克笔画 (图 5-46)

马克笔画分为塑形和着色两个步骤, 力求表现其画法的艺术性, 让整体画面具有吸引力。一般使用墨线绘制透视准确、

图 5-45 鲜明效果的建筑水粉画

图 5-46 马克笔画

徒手线条画

徒手线条画通过改变对工具的使用，以徒手绘制代替工具绘制，是一种快捷实用的表达方式。徒手线条画是建筑师必须掌握的基本功之一，这种表现方式十分简便，只需一支笔、一张纸，就可广泛进行资料搜集、速写、草图绘制、表现图绘制和过程图设计。

该方法以铅笔、钢笔为工具，通过徒手线条来表现建筑：用线条勾画轮廓，用线条的组织和排列表现明暗、阴影和材料质感。速写能反映作者在较短时间内对绘画形象的理解和把握的程度，因此速写能力的强弱是建筑师基本素质高低的体现。徒手画的基础速写熟练程度的提高可以通过写生的现场体验、临摹的概括提炼、默写的记忆提高等途径多练、多画而得以实现。

构图协调的建筑及配景表现图。在着色过程中应注意，马克笔笔触与线条相比，更接近"色块"，整齐排列相对来说更宜于表现和塑造，还应避免重叠、过满和凌乱的线条。在塑形过程中，为表现物体高光和材质的透气感，应巧妙留白。

第三节 案例分析：建筑设计表现水彩技法

水彩技法比较复杂，但是它富有强烈的艺术效果，经久耐看。

一、拓印轮廓

将结构轮廓在复印纸上画好拓印到180 g优质水彩纸上，轮廓印记不要太明显，可以使用铅笔轻轻描绘一遍，以自己能看清即可（图5-47）。着色时要由浅到深，先确定画面的色彩关系和整体基调，将受光部和暗部进行统一铺填，色彩以清新、干净的米黄色、浅蓝色为最佳（图5-48）。

二、颜色调和

再重新调和深重的颜色，填涂深暗部位、投影部位、反光部位。严格控制色彩边界，不能随意超越（图5-49）。

三、轮廓绘制

当画面达到3至4个明暗层次后，就可以使用绘图笔绘制轮廓了，操作时可以从局部到局部逐一刻画，主要是加粗表现对象的外轮廓线，加强明暗交界线部位的

图 5-47 建筑外观效果图绘制步骤一

层次 (图5-50)。

四、深入表现

整体调整，使用水彩与绘图笔同时操作，深入表现1到2处细节即可。特别注意要使用绘图笔来表现不同材质的质感，并填补色彩面域之间的空白部位 (图5-51)。

图5-48 建筑外观效果图绘制步骤二

图5-49 建筑外观效果图绘制步骤三

图 5-50　建筑外观效果图绘制步骤四

图 5-51　建筑外观效果图绘制步骤五

思考与练习

(1) 建筑设计的意义是什么？

(2) 课外了解一下知名建筑师勒·柯布西耶，并且查阅其知名建筑。

(3) 认识绘图工具，并且熟悉不同的绘画技法。

(4) 通过以上知识的学习，尝试自己绘制简单的建筑效果图。

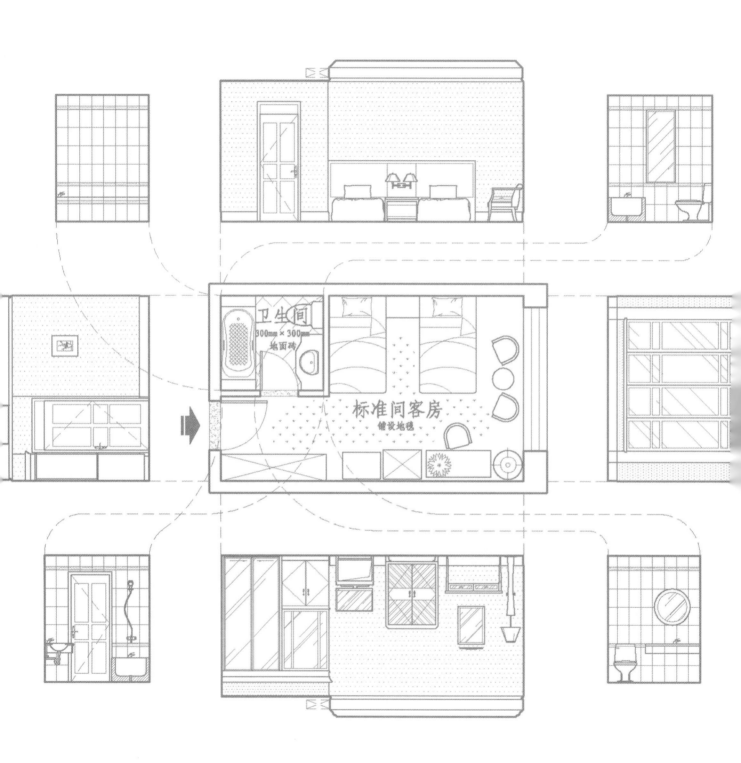

卫生间
300mm×300mm
地面砖

标准间客房
铺设地毯

第六章

建 筑 绘 图

学习难度：★★★★★

重点概念：绘图工具、平面图、剖面图、立面图、CAD

章节导读

　　建筑设计不同于其他的工程设计，其图纸表达应该包括两部分：工程绘图和建筑绘画。上一章所讲的建筑绘画作为"画"，是用来表现建筑外貌的艺术作品，以透视图、鸟瞰图等效果图为主，它的表现方式丰富多彩。建筑设计的表达仅用建筑绘画是远远不够的，对于学习建筑设计的专业人员来讲，如何使用建筑绘图这种工程化的语言传递设计意图是必须掌握的一项技能。而本章所述的建筑绘图是主要用来表达建筑的功能和技术，表现为用绘图工具绘制的线条图。

优秀建筑平面图赏析

室内平面布置图

图 6-1 为不规则户型的设计，富有情趣的空间，让生活充满了格调。该建筑平面图充分体现了设计最重要的除了美观还有创意，不规则户型设计合理利用了房屋的空间，房屋内功能设置齐全，却又不乏新意，值得大家借鉴。

第一节　建筑施工图

建筑是由长、宽、高三个方向构成的三维空间体系。要想完整表达空间，仅在一个图样上完整、准确地表示它是不够的，建筑图纸必须由几个互相参照的二维图样综合而成，然后互相对照着看。复杂的多层建筑，往往需要画出各个方向的立面图、每层的平面图以及若干的剖面图。建筑绘图就是表达建筑实体的二维图样，它是以投影几何中三面投影原理为依据而形成的线条图，即为正投影图。正投影图能够反映出物体的真实形状、比例和尺度。因其作图比较简单，所以建筑绘图中主要运用这种绘图方法。

一、绘图工具

在绘图之前，我们要先了解以下绘图工具及绘图要点。

1. 丁字尺、一字尺、三角板（图 6-2）

丁字尺是用来画水平线的，绘图时，丁字尺尺头要紧靠图板左侧，不可以在其他侧边使用。水平线通过丁字尺自上而下移动而获得，运笔需要由左向右画出。三角板用来画垂直线和斜线，垂直线用三角板自左向右移动绘制得到，运笔则是由下而上画出。三角板也用于换算图形所选比例用的比例尺，使用时，三角板必须紧靠

图 6-1　室内平面布置图

丁字尺上边沿，锐角方向应在画线的右侧（图6-3）。

注意画线时手的姿势应保持规范，避免擦除画面。

2. 圆规、分规（图6-4、图6-5）

圆规是绘图中完成曲线绘制最常用的工具，分规是用来截取线段、量取尺寸、等分线段或圆弧线的绘图工具。当用圆规画画时，应该顺时针旋转，规身适当前倾。画大圆时，可接套杆，此时针尖与笔尖要

图6-4 圆规

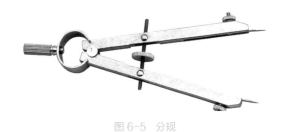

图6-5 分规

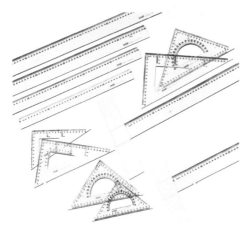

图6-2 丁字尺、一字尺、三角板

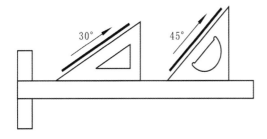

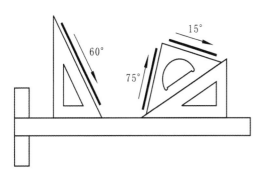

图6-3 尺的用法示意图

垂直于纸面；用分规时，应先在比例尺或线段上进行度量，然后量到图纸上，分规的针尖位置应始终在待分的线上，弹簧分规可微调。

注意保护圆心，勿使图纸损坏，若曲线与直线相接，应先曲后直，若曲线与曲线相接，应位于切线处。

3. 量角器、曲线板（图6-6、图6-7）

量角器不但可以量取角度，还可以画任意角度、直线、平行线。曲线板是用来画非圆曲线的，使用方法是在画图时，通过调整使曲线板的不同曲率部分和要画的曲率相适应，然后依曲线板作图就可以了。另一种情况是在作图之前，先选点，然后用曲线板连线，要注意，在用曲线板连线时，一般要用5个连续点，画线时只连中间3个点之间的线，直到5个点都在曲线板上为止，这样依次进行，直至把线画完。

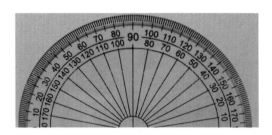

图 6-6　量角器

图 6-8　针管笔

图 6-7　曲线板

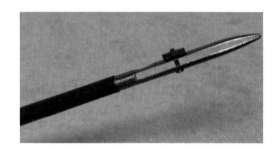

图 6-9　直线笔

4. 针管笔、直线笔 (图 6-8、图 6-9)

针管笔能绘制出均匀的线条，直线笔用来绘制墨线线条。使用直线笔时，用碳素墨水，通过调整螺丝来控制线条的粗细。画线时，笔尖正中对准所画线条，并与尺边保持一定的微小距离。运笔时，注意笔杆的角度，不可将笔尖向外或向里倾斜，运笔速度均匀，线条交错时，要准确、光滑。直线笔可由不同粗细的针管笔代替。

5. 比例尺

比例尺通常用来表示图上距离比实际距离缩放的程度，而常用的三棱比例尺中，如 1：100 的刻度就代表了 1 m 长的实物刻度尺寸是实物的 1/100，其他的以此类推。

6. 绘图纸 (图 6-10)

纸张的大小常以 A0 ~ A4 来表示，后缀数字代表其初始纸张 (A0) 大小的折叠次数。

幅面尺寸	长边尺寸	长边加长后尺寸						
A0	1189	1486	1635	1783	1932	2080	2230	2378
A1	841	1051	1261	1471	1682	1892	2102	
A2	594	743	891	1041	1189	1338	1486	1635
A2	594	1783	1932	2080				
A3	420	630	841	1051	1261	1471	1682	1892

注：有特殊需要的图纸，可采用B×L为841mm×891mm与1189mm×1261mm的幅面

图 6-10　图纸长边加长尺寸

7. 绘图字体

工程图纸中的文字和数字要求清晰、美观、工整、易识读。绘图字体应采用长仿宋体字(图6-11)，其高与宽比约为3:2，字间距为字高的1/3或1/4，行间距为字高的1/2或1/3。字在图中的大小应视整体图形尺寸及图纸大小而定，使得图形与文字相互协调。注意长仿宋字书写时，笔画横平竖直，注意起落；字形结构排列均匀，注意满格、缩格和出格。数字字形(图6-12)要注意运笔顺序和走向，可直写也可75°斜写。

注意建筑图中变化不宜过多，要保持整幅图纸的一致和清晰美观才能表达清楚。

8. 绘图线条(图6-13)

(1) 实线。实线可以用来绘制剖切线、可见线和尺寸线等，实际线条的粗细可分为三等，分别用于结构剖切线，家具剖切线，可见线、尺寸线和轴线。

(2) 点画线。线段与点彼此间间隔而构成的点画线，用来绘制轴线，为三等细线。

(3) 虚线。由断续而较短线段组成的虚线，用来表示被遮挡的隐线，一般为三等线。

二、绘图内容

建筑工程的图纸包括总平面图、平面图、立面图和剖面图。

1. 总平面图

建筑总平面图(图6-14)是表明一项设计项目总体布置情况的图纸。它是在施工现场的地形图上，将已有的、新建的和

图 6-11　长仿宋体字

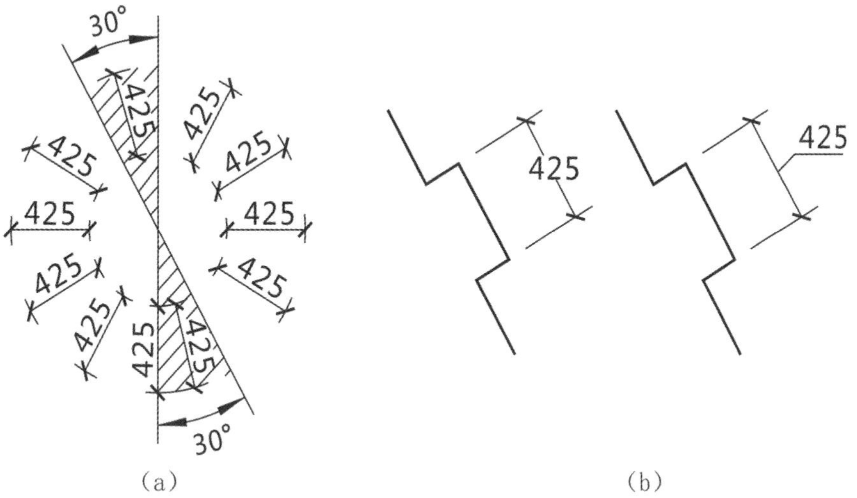

（a）　　　　　　　　　　　　（b）

图 6-12　尺寸数字的注写方向

名 称		线 型	线 宽	一 般 用 途
实 线	粗	▬▬▬▬▬▬▬	B	主要可见轮廓线
	中粗	▬▬▬▬▬▬▬	0.7B	可见轮廓线
	中	▬▬▬▬▬▬▬	0.5B	可见轮廓线、尺寸线、变更云线
	细	——————	0.25B	图例填充线、家具线
虚 线	粗	▬ ▬ ▬ ▬ ▬	B	见各有关专业制图标准
	中粗	▬ ▬ ▬ ▬ ▬	0.7B	不可见轮廓线
	中	- - - - -	0.5B	不可见轮廓线、图例线
	细	- - - - -	0.25B	图例填充线、家具线
单 点 长画线	粗	▬▬ · ▬▬ · ▬▬	B	见各有关专业制图标准
	中	— · — · —	0.5B	见各有关专业制图标准
	细	— · — · —	0.25B	中心线、对称线、轴线等
双 点 长画线	粗	▬▬ ·· ▬▬ ··	B	见各有关专业制图标准
	中	— ·· — ·· —	0.5B	见各有关专业制图标准
	细	— ·· — ·· —	0.25B	假想轮廓线、成型前原始轮廓线
折断线	细	⌐⌐⌐⌐⌐/⌐⌐⌐	0.25B	断开界线
波浪线	细	〜〜〜〜〜	0.25B	断开界线

图 6-13 绘图线条

绘图程序

首先，准备好纸和工具，并将图纸横平竖直地固定在图板上。做好排版，即均衡地规划好图面布局，安排好本图应包含的所有内容，包括标题、注字等。其次，用较硬的铅笔画轴线、打稿，稿线要细、轻而明确，线条相交时可以交叉、出头。再次，由浅到深地加重。先用三等细线全部加重一遍，可见线、尺寸线和轴线等可一次画成；在此基础上加深二等线，然后再加重一等粗线。注意粗线需往线的内侧加粗，以便由线的外侧控制尺寸；还应注意，三种线的粗细既有区别，又彼此匹配。最后，标注字、尺寸、标高及其他标识符号，写图名、比例及图纸标题，再画图框、方案设计的平面图、立面图，还可配置树木等衬景来衬托建筑和体现周边环境。

拟建的建筑物、构筑物以及道路、绿化等按与地形图同样比例绘制出来的平面图。总平面图主要表明新建建筑物、构筑物的平面形状、层数、室内外地面标高、新建道路、绿化、场地排水和管线的布置情况，并表明原有建筑、道路、绿化等和新建筑的相互关系以及环境保护方面的要求等。

总平面图是所有后续图纸的绘制依

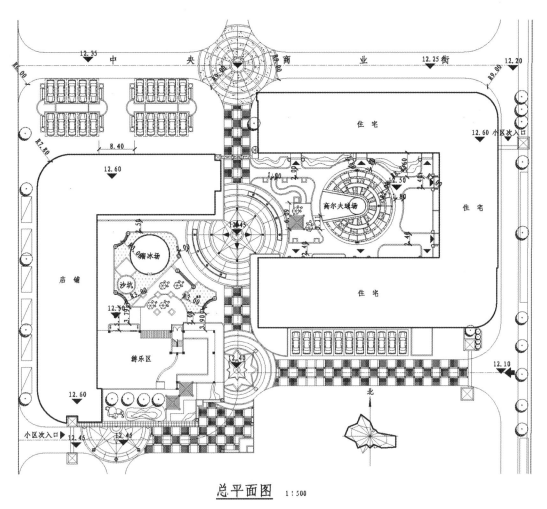

总平面图 1:500

图 6-14 住宅小区总平面图

据，一般要经过全面实地勘测且做详细记录，或向投资方索取原始地形图或建筑总平面图。由于具体施工的性质、规模及所在基地的地形、地貌不同，总平面图所包括的内容有的较为简单，有的则比较复杂，对于复杂的设计项目，除了总平面图外，必要时还必须分项绘出管线综合平面图、绿化总平面图等。

总平面图绘制方法如下。首先，确定图纸框架，经过详细现场勘测后绘制出总平面图初稿，并携带初稿再次赴现场核对，最好能向投资方索要地质勘测图或建筑总平面图，这些资料越多越好。对于设计面

积较大的现场，还可以参考 Google 地图来核实。总平面图初稿可以是手绘稿，也可以是计算机图稿，图纸主要能正确绘制出设计现场的设计红线、尺寸、坐标网络和地形等高线，准确标出建筑所在位置，加入风玫瑰图和方向定位。经过至少两次核实后，应该将这种详细的框架图纸单独描绘一遍，保存下来，方便日后随时查阅。总平面图的图纸框架可简可繁，对于大面积住宅小区和公园，由于地形地貌复杂，图纸框架必须很详细，而小面积户外广场或住宅庭院则就比较简单了，无论哪种情况，都要认真对待，这是后续设计的基础

(图 6-15)。

然后，表现设计对象。总平面图的基础框架出来后可以复印或描绘一份，使用铅笔或彩色中性笔绘制创意草图，经过多次推敲、研究后再绘制正稿。总平面图的绘制内容比较多，没有一份较完整的草图会导致多次返工，影响工作效率。具体设计对象主要包括需要设计的道路、花坛、小品、建筑构造、水池、河道、绿化、围墙、围栏、台阶、地面铺装等 (图 6-16)。这些内容一般先绘制固定对象，再绘制活动

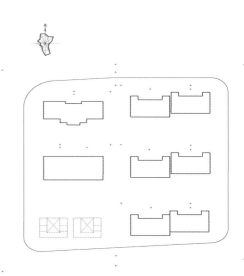

图 6-15　总平面图绘制步骤一

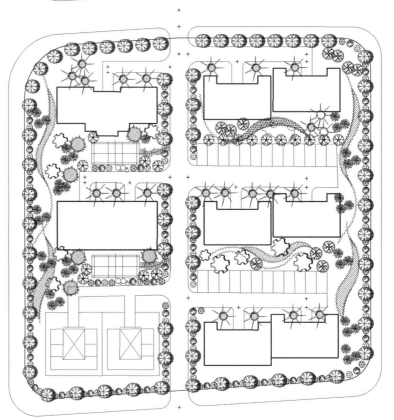

图 6-16　总平面图绘制步骤二

对象；先绘制大型对象，再绘制小型对象；先绘制低海拔对象，再绘制高海拔对象；先绘制规则形对象，再绘制自由形对象等。总之，要先易后难，待绘图者的思维不断精密后再绘制复杂对象，这样才能使图面更加丰富完整。

最后，加注文字与数据。当主要设计对象绘制完毕后，就要加注文字和数据，这主要包括建筑构件名称、绿化植物名称、

道路名称、整体和局部尺寸数据、标高数据、坐标数据、中轴对称线、入口符号等。小面积总平面图可以将文字通过引出线引出到图外加注，大面积总平面图要预留书写文字和数据的位置，对于相同构件可以只标注一次，但是两构件相距太大时，也需要重复标明。此外，为了丰富图面效果，还可以加入一些配饰，如车辆、水波等（图6-17）。

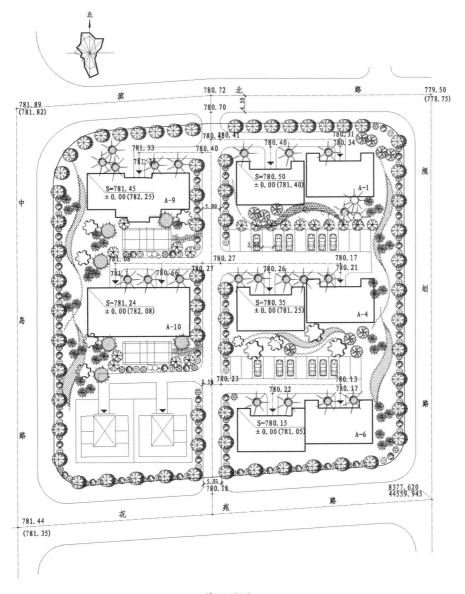

总平面图 1:500

图6-17 总平面图绘制步骤三

对于加注的文字与数据一定要翔实可靠，不能凭空臆想，同时，这个步骤也是检查、核对图纸的关键，很多不妥的设计方式或细节错误都是在这个环节发现并加以更正的。当文字和数据量较大时，应该从上到下或自左向右逐个标注，避免有所遗漏，对于非常复杂的图面，还应该在图外编写设计说明，强化图纸的表述能力。只有图纸、文字、数据三者完美结合，才能真实、客观地反映出设计思想，体现制图品质。

2. 平面图

平面图是建筑物、构筑物等在水平投影上所得到的图形，投影高度一般为普通建筑 ±0.00 高度以上 1.5 m，在这个高度对建筑物或构筑物作水平剖切，然后分别向下和向上观看，所得到的图形就是底平面图和顶平面图。在常规设计中，绝大部分设计对象都布置在地面上，因此，也可以称底平面图为平面布置图，称顶平面图为顶棚平面图，其中底平面图的使用率最高，因此，通常所说的平面图普遍也被认为是底平面图（图6-18）。

平面图运用图像、线条、数字、符号和图例等有关图示语言，遵循国家标准的规定，来表示设计施工的构造、饰面、施工做法及空间各部位的相互关系。为了全面表现设计方案和创意思维，在环境艺术

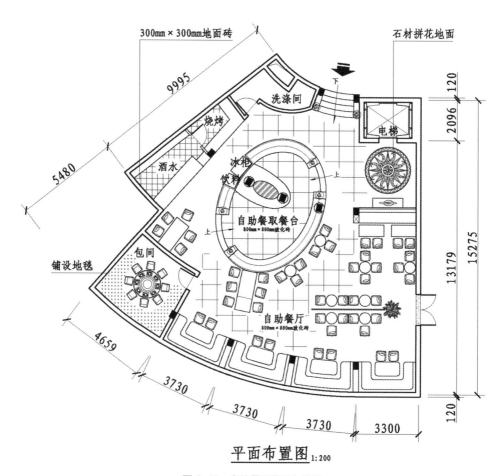

平面布置图 1:200

图 6-18　自助餐厅平面布置图

设计制图中，平面图主要分为基础平面图、平面布置图、地面铺装平面图和顶棚平面图。这类图纸往往也会显示出自身的绘制特点，如造型上的复杂性和生动感，以及细部艺术处理的灵活表现等。

环境艺术设计作为独立的设计工作时，制图的根本依据仍然是土建工程图纸，尤其是平面图，其外围尺寸关系、外窗位置、阳台、入户大门、室内门扇以及贯穿楼层的烟道、楼梯和电梯等，均需依靠土建工程图纸所给出的具体部位和准确的平面尺寸，用以确定平面布置的设计位置和局部尺寸。因此，在设计制图实践中，图纸的绘制细节应密切结合实地勘查。

平面图绘制方法。首先，修整基础平面图，根据设计要求去除基础平面图上的细节尺寸和标注，对于较简单的设计方案，无须绘制基础平面图，直接从平面布置图开始绘制，具体方法与绘制基础平面图相同。此外，要将墙体构造和门、窗的开启方向根据设计要求重新调整，尽量简化图面内容，为后期绘制奠定基础，并对图面作二次核对（图 6-19）。

然后，绘制构造与家具，在墙体轮廓上绘制需要设计的各种装饰形态，如各种凸出或内凹的装饰墙体、隔断。其后再绘制家具，家具绘制比较复杂，可以调用、参考各种图库或资料集中所提供的家具模

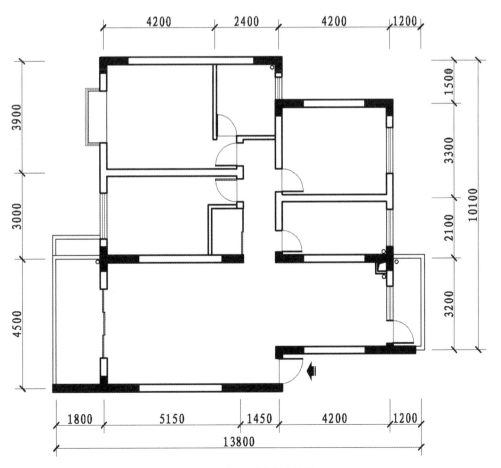

图 6-19　平面布置图绘制步骤一

块，尤其是各种时尚家具、电器、设备等最好能直接调用（图6-20）。如果图中有投资方即将购买的成品家具，可以只绘制外轮廓，并标上文字说明。现代商业制图要求能让更多人群读懂，同时受到设计市场的竞争，平面布置图的图面效果越来越复杂，越来越唯美，这些都是通过构造与家具图库来表现的。

最后，标注与填充。当主要设计内容都以图样的形式绘制完毕后，就需要在其间标注文字说明，如空间名称、构造名称、材料名称等（图6-21）。空间名称可以标注在图中，其他文字如无法标注，可以通过引线标注在图外，但是要注意排列整齐。注意标注的文字不宜与图中的主要结构发生矛盾，避免混淆不清。

平面布置图的填充主要针对图面面积较大的设计空间，一般是指地面铺装材料

的填充，设计内容较简单的平面布置图可以在家具和构造的布局间隙全部填充，设计内容较复杂的可以局部填充，对于布局设计特别复杂的图纸，则不能填充，避免干扰主要图样，这就需要另外绘制地面铺装平面图。

3. 立面图

立面图是指主要设计构造的垂直投影图，一般用于表现建筑物、构筑物的墙面，尤其是具有装饰效果的背景墙、瓷砖铺贴墙、现场制作家具等立面部位，也可以称为墙面、固定构造体、装饰造型体的正立面投影视图。立面图适用于表现建筑与设计空间中各重要立面的形体构造、相关尺寸、相应位置和基本施工工艺。

立面图要与总平面图、平面布置图相呼应，绘制的视角与施工后站在该设计对象面前要一样（图6-22），下部轮廓线条

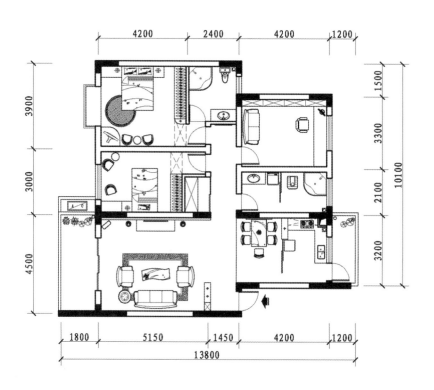

图6-20 平面布置图绘制步骤二

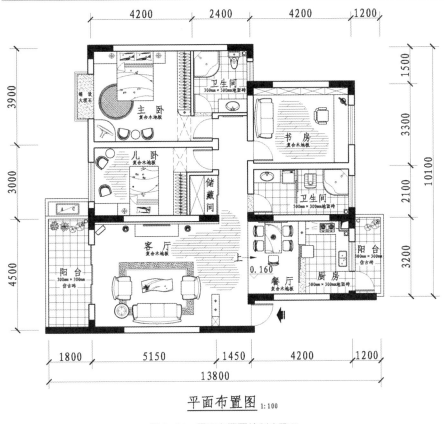

平面布置图 1:100

图 6-21　平面布置图绘制步骤三

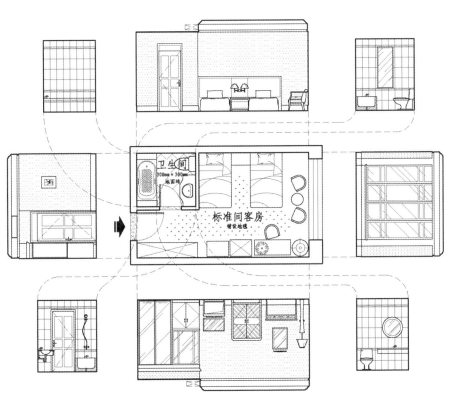

图 6-22　平面图与立面图的对应关系

为地面，上部轮廓线条为顶面，左右以主要轮廓墙体为界线，在中间绘制所需要的设计构造，尺寸标注要严谨，包括细节尺寸和整体尺寸，外加详细的文字说明。立面图画好后要反复核对，避免遗漏关键的设计造型或含糊表达了重点部位。绘制立面图所用的线型与平面图基本相同，只是周边形体轮廓使用中粗实线，地面线使用粗实线，对于大多数构造不是特别复杂的设计对象，也可以统一绘制为粗实线（图6-23）。

在复杂设计项目中，立面图可能还涉及原有的装饰构造，如果不准备改变或拆除，这部分可以不用绘制，用空白或阴影斜线表示即可。在一套设计方案中，立面图的数量可能会比较多，这就要在平面图中注明方位或绘制标识符号，与立面图相呼应，方便查找。为了强化平面图与立面图之间的关系，整体建筑物、构筑物的立面表现一般以方位名称标注图名，如正立面图、东立面图等。

这里列举某宾馆客房床头背景墙立面图，详细讲解绘制步骤与要点。

首先，建立构架。根据已绘制完成的平面图，引出地面长度尺寸，在适当的图纸幅面中建立墙面构架（图6-24）。一般而言，立面图的比例可以定在1:50，对于比较复杂的设计构造，可以扩大到1:30或1:20，但是立面图不宜大于后期将要绘制的节点详图，以能清晰、准确反映设计细节来确定图纸幅面。由于一套设计图纸中，立面图的数量较多，可以将全套图纸的幅面规格以立面图为主。墙面构架主要包括确定墙面宽度与高度，并绘制墙面上主要装饰设计结构，如吊顶、墙面造型、踢脚线等，除四周地、墙、顶边缘采用粗实线外，这类构造一般都采用中实线，被遮挡的重要构造可以采用细虚线。

基础构架的尺寸一定要精确，为后期绘制奠定基础。当然，也不宜急于标注尺

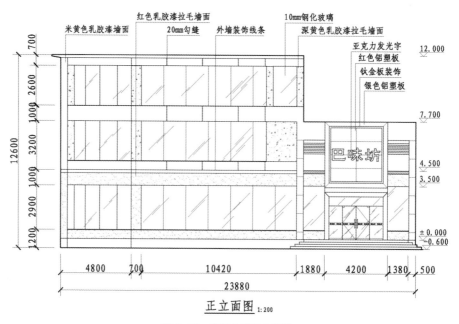

图 6-23　建筑外墙正立面图

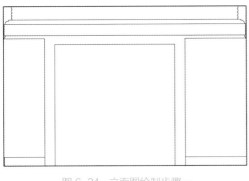

图 6-24　立面图绘制步骤一

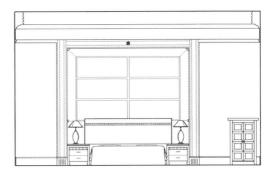

图 6-25　立面图绘制步骤二

寸，绘图过程也是设计思考过程，要以最终绘制结果为参照来标注。

　　然后，调用成品模型。基本构架绘制完毕后，就可以从图集、图库中调用相关的图块和模型，如家具、电器、陈设品等，这些图形要预先经过线型处理，将外围图线改为中实线，内部构造或装饰改为细实线，对于特别复杂的预制图形要作适当处理，简化其间的线条，否则图线过于繁杂，会影响最终打印输出的效果。此外，还要注意成品模型的尺寸和比例，要适合该立面图的图面表现。针对手绘制图，可以适当简化成品模型的构造，例如，将局部弧线改为直线，省略烦琐的内部填充等。不是所有的立面图都可以调入成品模型，要根据设计风格来选择，针对特殊的创意作品，还是需要单独绘制，设计者最好能根据日常学习、工作需求创建自己的模型库，日后用起来会得心应手。

　　摆放好成品模型后，还需绘制无模型可用的设计构造，尽量深入绘制，使形态和风格与成品模型统一（图 6-25）。

　　最后，填充与标注。当基本图线都绘制完毕后，就需要对特殊构造作适当填充，以区分彼此间的表现效果，如墙面壁纸、木纹、玻璃镜面等，填充时注意填充密度，

小幅面图纸不宜填充面积过大、过饱满，大幅面图纸不宜填充面积过小、过稀疏。填充完毕后要能清晰分辨出特殊材料的运用部位和面积，最好形成明确的黑、灰、白图面对比关系，这样会使立面图的表现效果更加丰富。

　　当立面图中的线条全部绘制完毕后，需要作全面检查，及时修改错误，最后对设计构造与材料作详细标注，为了适应阅读习惯，一般宜将尺寸数据标注在图面的右侧和下方，将引出文字标注在图面的左侧和上方，文字表述要求简单、准确，表述方式一般为材料名称 + 构造方法。数据与文字要求整齐一致，并标注图名与比例（图 6-26）。

　　绘制立面图的关键在于把握丰富的细节，既不宜过于烦琐，也不宜过于简单，太烦琐的构造可以通过后期的大样图来深入表现，太简单的构造可以通过多层次填充来弥补。

4. 剖面图

　　在日常的设计制图中，大多数剖面图都用于表现平面图或立面图中的不可见构造，要求使用粗实线清晰绘制出剖切部位的投影，在建筑设计图中需标注轴线、轴

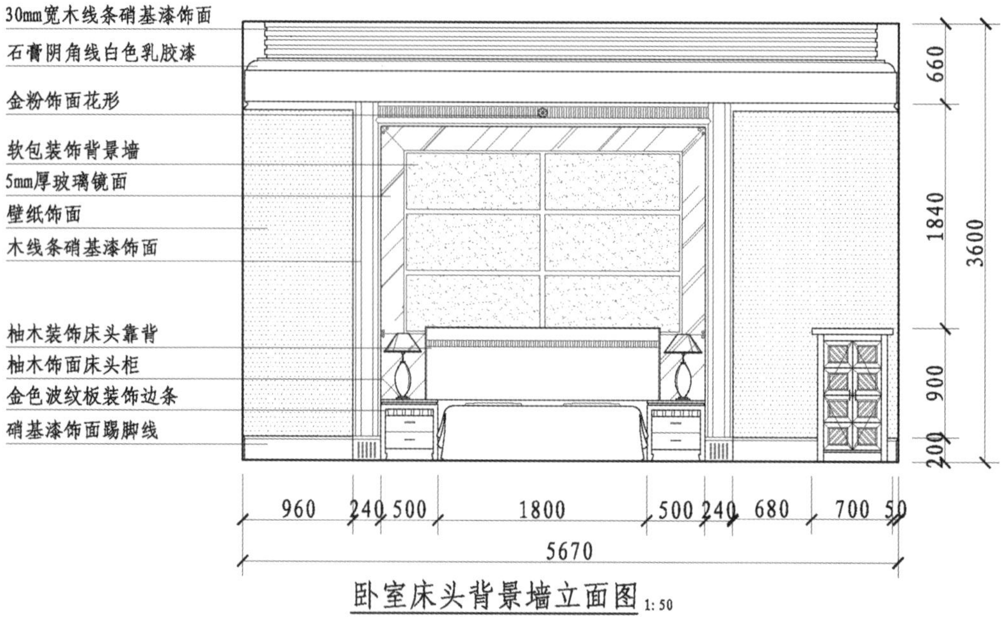
30mm宽木线条硝基漆饰面
石膏阴角线白色乳胶漆
金粉饰面花形
软包装饰背景墙
5mm厚玻璃镜面
壁纸饰面
木线条硝基漆饰面
柚木装饰床头靠背
柚木饰面床头柜
金色波纹板装饰边条
硝基漆饰面踢脚线
660
1840
3600
900
200
960
240
500
1800
500
240
680
700
50
5670
卧室床头背景墙立面图 1:50

图 6-26　立面图绘制步骤三

线编号、轴线尺寸。剖切部位的楼板、梁、墙体等结构部分应该按照原有图纸或实际情况测量绘制，并标注地面、顶棚标高和各层层高。剖面图中的可视内容应该按照平面图和立面图中的内容绘制，标注定位尺寸，注写材料名称和制作工艺。此外，制图过程中要特别注意该剖面图在平面图或立面图中剖切符号的方向，并在剖面图下方注明该剖面图图名和比例。

这里列举某停车位的设计方案，讲解其中剖面图的绘制步骤（图 6-27）。

首先，根据设计绘制出停车位的平面

小贴士

初学制图注意细节

设计制图是为了解决施工实施时所出现的具体问题，需要说明的部位就应该绘制图纸，当设计方、施工方与投资方等对某些问题能达成一致和共识时，就无须绘制图纸了。环境艺术设计要表明创意和实施细节，一般需要绘制多种图纸，针对具体设计构造的繁简程度，可能会强化某一种图纸，也可能会简化或省略某一种图纸，但是这都不影响全套图纸的完整性。

在初学制图的过程中，要强化理论知识，搜集并查阅大量图纸，临摹一些具有代表性的图纸。当然，要准确且熟练地绘制各种图纸，还需要了解环境艺术设计中所存在的材料选用和施工构造，这些才是制图的根源。

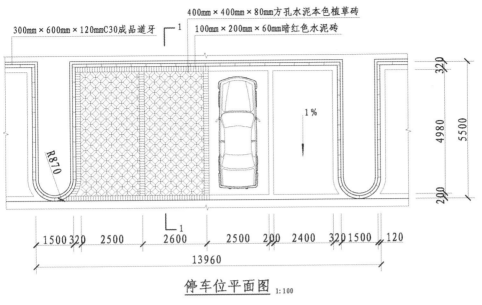

停车位平面图 1:100

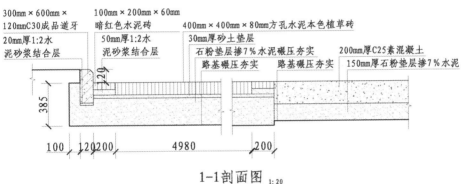

1-1剖面图 1:20

图6-27 停车位剖面图

图，该平面图也可以从总平面图或建筑设计图中节选一部分，在图面中对具体尺寸作重新标注，检查核对后即可在适当部位标注剖切符号。绘制剖切符号的具体位置要根据施工要求来定，一般选择构造最复杂或最具有代表性的部位，该方案中的剖切符号定位在停车位中央，作纵向剖切并向右侧观察，这样更具有代表性，能够清晰反映出地面的铺装构造。

然后，绘制剖切形态。根据剖切符号的标示绘制剖切轮廓，包括轮廓内的各种构造，绘制时应该按施工工序绘制，如从下向上，由里向外等，目的在于分清绘制层次和图面的逻辑关系，然后分别进行材料填充，区分不同构造和材料。

最后标注尺寸和文字说明。剖面图绘制完成后要重新检查一遍，避免在构造上出现错误。此外，要注意剖面图与平面图之间的关系，图纸中的构图组合要保持均衡、间距适当。

第二节 计算机绘图

一、计算机绘图概念

计算机绘图是相对于手工绘图而言的一种高效率、高质量的绘图技术。手绘效果图蕴涵着设计师的设计意境、思想情感，是艺术和技术的综合创作，存在于设计师的脑海中，灵感信手拈来，每个细节无不体现对艺术的诠释，它是 3dmax 和 Photoshop 等绘图软件所渲染不出的。计算机效果图以其先进的绘图方式，快速的表现手法，展现出的是照片一般逼真的效果，同时也可随设计师的想法、房屋主人的建议而随意变换而不损害以前的作品，记录着每次的变更，让人领略计算机的神奇、人类的智慧。

手工绘图是每位设计师所要具备的基本能力，计算机绘图则是在其基础上用科技技术手段更快、更好地表现设计，两者是相辅相成的，表现手法各异，表达出不同工艺的艺术魅力，给我们带来绚丽多彩的生活。一般使用的二维软件有 Photoshop、CorelDRAW、AutoCAD。一般使用的三维软件有 3ds max、Maya、SketchUp。

二、常用绘图软件介绍

1. AutoCAD

AutoCAD 是由美国欧特克有限公司 (Autodesk) 出品的一款自动计算机辅助设计软件，可以用于绘制二维制图和基本三维设计，通过它无需懂得编程即可自动制图，因此它在全球广泛使用。CAD 是 Computer Aided Design 的缩写，意思为计算机辅助设计。加上 Auto，指的是它可以应用于几乎所有跟绘图有关的行业，比如建筑、机械、电子、天文、物理、化工等。其中只有机械行业充分利用了 AutoCAD 的强大功能，对于建筑来

说，我们所用到的只是其中较少的一部分。正因为如此，对于工程人员来说，学会 AutoCAD 是一件非常简单的事。

电脑绘图与手工绘图是完全不同的两个概念，尽管它们所得出的结果基本一致。手工绘图是在限定大小的图纸上绘制出图形，但是实际建筑尺寸相对于一张图纸尺寸简直不成比例。必须大大缩小建筑表现的尺寸才能够在一张图纸上完整地绘制出硕大的建筑，"绘图比例"由此而生。AutoCAD 的制图流程为：前期与客户沟通，绘出平面布置图，后期绘出施工图，施工图有平面布置图、顶面布置图、地材图、水电图、立面图、剖面图、节点图、大样图等。

要学习和掌握好 AutoCAD，首先要知道如何用手工来作图，对于作图过程中所用到的画法几何知识一定要非常清楚，只有这样才能更进一步去考虑如何用 AutoCAD 来做。使用计算机绘图就是为了提高绘图速度和效率，最快的操作方式就是使用快捷键。因而在用 AutoCAD 绘制图形时要尽量记住并使用快捷键。

2. CorelDRAW

CorelDRAW Graphics Suite (简称 CorelDRAW) 是一款由世界顶尖软件公司之一的加拿大 Corel 公司开发的平面设计软件。CorelDRAW Graphics Suite 非凡的设计能力广泛地应用于商标设计、标志制作、模型绘制、插图描画、排版及分色输出等诸多领域。它给设计者提供了一整套的绘图工具包括圆形、矩形、多边形、方格、螺旋线等等，并配合塑形工具，

对各种基本图形作出更多的变化，如圆角矩形、弧、扇形、星形等。同时也提供了特殊笔刷如压力笔、书写笔、喷洒器等，以便充分地利用电脑处理信息量大、随机控制能力高的特点。

3. SketchUp

SketchUp 是 Google 公司于 2006 年 3 月 14 日收购的 3D 绘图软件。它以简单易用著称，是一个直接面向设计方案创造过程的设计工具，其创造过程不仅能够充分表达设计师的思想，而且完全满足与客户及时交流的需要。其独特简洁的界面、广阔的适用范围、方便的推拉功能、剖面的快速生成以及与其他软件的结合使用，深受广大建筑设计者的喜爱。SketchUp 又名草图大师，很容易上手，适合建筑快速建模。

第三节
案例分析：农村房屋建筑绘图

房屋为三层仿古式乡村独立住宅（图6-28）。

一、平面图绘制

因为房屋共有三层，所以我们分三层绘制平面图，最后绘制屋顶平面图。

1. 第一层（图6-29）

绘制房子平面图时，首先绘制房子平面的定位轴线，画三轴线时应该考虑布图的合理性，布图不宜过大或过小；画好轴线后，画墙体的厚度及门窗的定位线，墙体的外墙厚度一般是 200 mm，内墙厚度一般是 100 mm，注意门窗的定位线不要画得太死，要画轻一点；加深墙柱的剖断

图 6-28　农村房屋实景

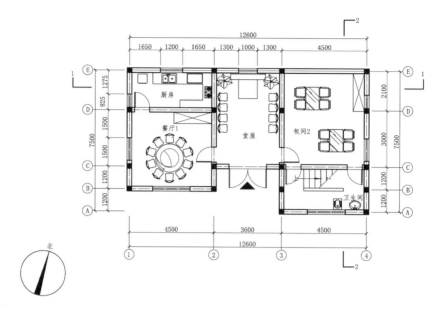

图 6-29　房屋第一层平面布置图

线，剖断线在原来轴线的基础上加粗，补充不足处；根据标注尺寸画门窗和门，门窗的定位一定要准确；画可以看见的线，可见线用实线画，不可见线用虚线画；标注尺寸、标高、剖切符号、图名以及厨房、卫生间的平面布置，其中包括坐便器、洗面器、洗浴器、地漏及地漏坡降方向(1%)，室内标高（一般低于楼面标高 0.030 m）。记得标示每个房间的功能。

绘制完成的第一层平面布置图可以清晰地看到房屋内的厨房、餐厅、堂屋、包间以及卫生间。

2. 第二层 (图 6-30)

绘制第二层时，方法与第一层相同，

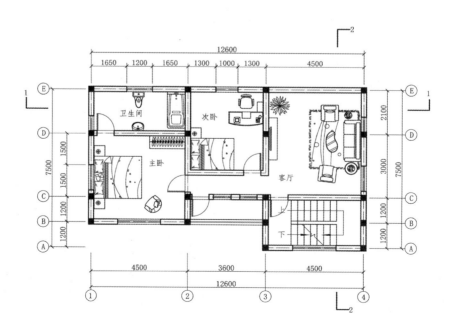

图 6-30　房屋第二层平面布置图

但第二层涉及楼梯的绘制。绘制楼梯时（图6-31），一般先画折断线，再画踏步，最后才画方向箭头及标注文字数据。同样记得标示每个房间的功能。

　　绘制完成的第二层平面布置图，我们可以清晰地看到房屋中的卫生间、主卧、次卧、客厅以及楼梯间。

3. 第三层（图6-32)

房屋第三层主要为储藏间，设计比较简单，绘制方法同上。

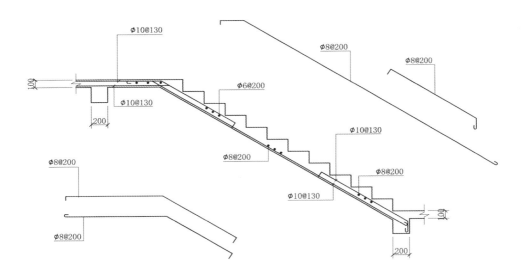

图 6-31　楼梯配筋图

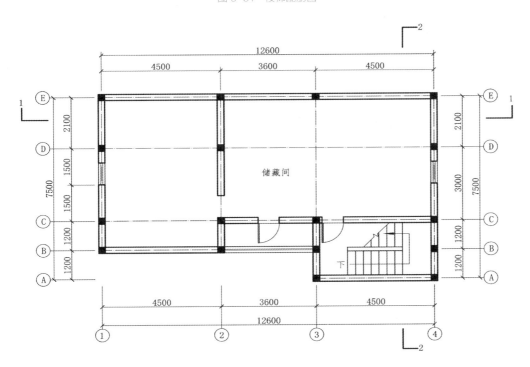

图 6-32　房屋第三层平面布置图

4. 屋顶平面布置图（图6-33）

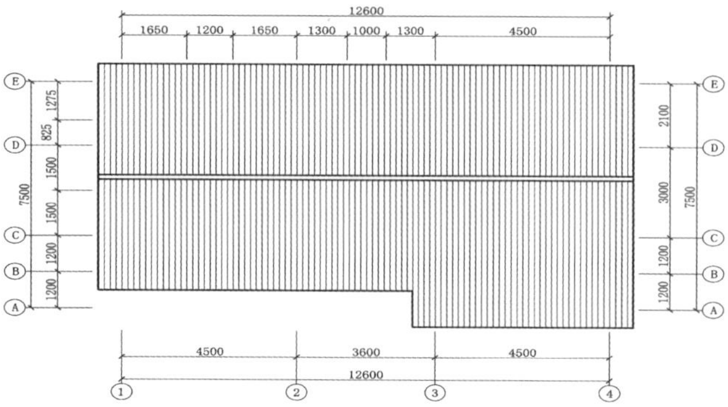

图 6-33　屋顶平面布置图

二、立面图绘制（图6-34～图6-39）

加立面门窗时，门窗高度除考虑宽度外还要参照楼层高度及梁高；立面门窗上表面尽量平齐，保证立面效果；立面门窗高宽差最好不要超过两个建筑模数(300)；门窗外框线稍粗，遇内墙门窗外框用细线。突出内、外层次；立面尺寸标注尽量标注最近的洞口、分格尺寸，其他未标示尺寸用标高和线性标注就近标示清楚；外墙装饰索引说明如图6-35所示。

三、剖面图绘制

剖面图（图6-40、图6-41）要剖到楼梯间，设计楼梯踏步高宽、休息平台宽度；表示清楚未剖到的梁、柱、门窗看线；纵向标注标注清楚窗洞尺寸、楼梯踏步尺寸标高及楼层关系，横向标注标注清楚各楼板、梁与轴线之间的关系；详图索引剖视位置要与平面图对应。

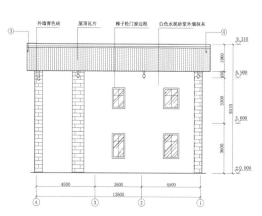

图 6-34　房屋西面

图 6-36　房屋东面

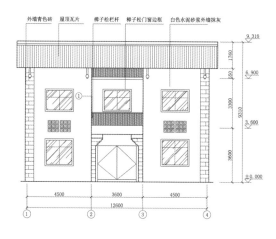

图 6-35　房屋西立面图

图 6-37　房屋东立面图

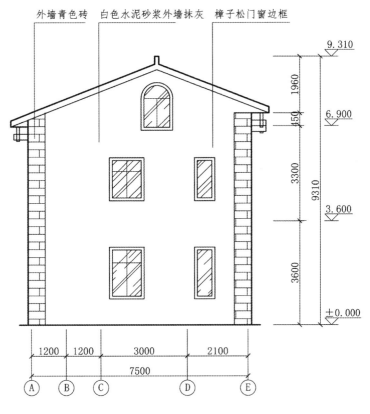

图 6-38　房屋北立面图

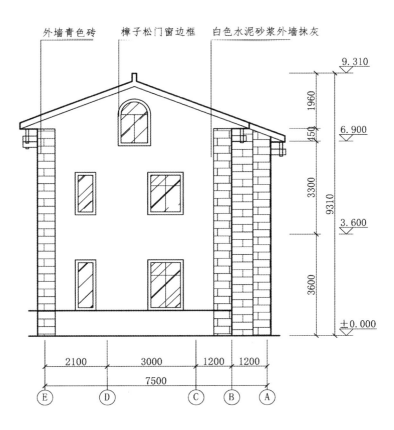

图 6-39　房屋南立面图

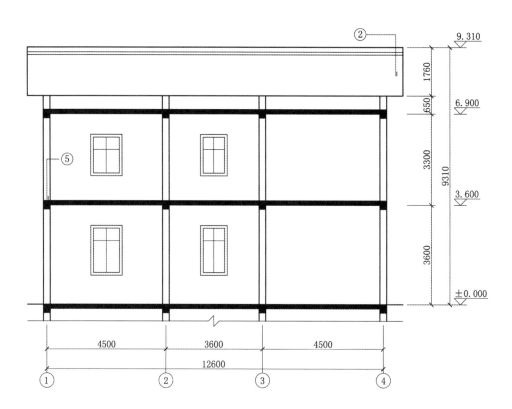

图 6-40 剖面图 1

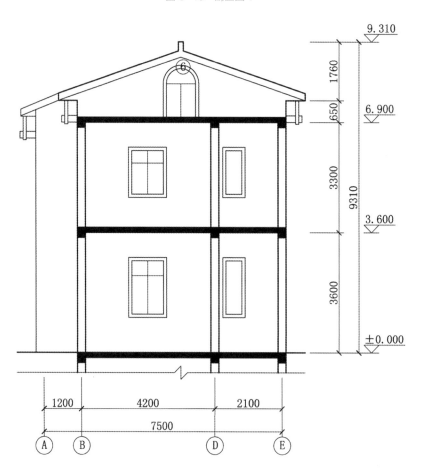

图 6-41 剖面图 2

思考与练习

(1) 熟悉各种绘图工具，并列举其用途。

(2) 列举绘图中线条的用法。

(3) 建筑工程图纸主要包括哪些类型?

(4) 尝试绘制周围一栋建筑的简单平面图、剖面图以及立面图。

第七章
建筑设计入门

学习难度：★ ★ ★ ☆ ☆

重点概念：设计内涵、设计过程、设计内容

章节
导读

建筑设计是指建筑物在建造之前，设计者按照建设任务，把施工过程和使用过程中所存在的或可能发生的问题事先做好通盘的设想，拟定好解决这些问题的办法、方案，用图纸和文件表达出来，作为备料、施工组织工作和各工种在制作、建造工作中互相配合协作的共同依据。便于整个工程得以在预定的投资限额范围内，按照周密考虑的预定方案，统一步调、顺利进行。并使建成的建筑物充分满足使用者和社会所期望的各种要求。

优秀建筑设计赏析

福建土楼公社（图7-1）

福建土楼是中国南方非常具有特色的山村民居建筑，已被列入世界文化遗产。和福建土楼这种奇异乡村民居所带来的温情相似，来自都市实践的这一设计也会给城市新移民带来许多新的温暖。

这是一座从传统中脱胎而来的现代建筑，现代土楼包含一个外部环形体块和一个内部方形体块，两部分通过桥和庭院连接在一起。环形和方形体块里都包含小的公寓单元，体块之间的空间用于交通或社区使用，其中低层有商店和其他社区服务设施。齐全的圆形和周围典型的拔地而起的高楼大厦形成了鲜明的对比。整体结构外包混凝土，木质阳台镶嵌其中，为每户提供了一个辅助性的生活空间。

通过对土楼和中国城市化进程中社会动态的深入调研，设计者们强烈的社会责任感与对历史文化传统的尊重，更让这座独特的建筑充满了魅力。土楼集合住宅可以看作是当今低收入群体住宅和转型时期的一个典型案例与遗产。

图7-1　福建土楼公社

第一节　认识建筑设计及其要求

一、认识建筑设计

建筑设计是一种以建筑设计图纸或文件为媒介的专业服务。这种服务的最终目的是为人们提供合适的建筑空间，包括公共活动空间和个人活动空间。在工业化革命之前，建筑设计服务通常由一两个建筑师就可以胜任了。随着社会分工和技术革命的推进，建筑设计团队内部分化出建筑结构设计师、建筑给排水设计师、建筑电气和电讯设计师、建筑采暖通风设计师、建筑经济师等等。他们通常都在建筑师的领导下，为实现建筑师的创意而从事不同专业的工作。

在建筑设计的不同阶段，设计师们的工作内容和工作对象是不同的，提交的设计成果也是不同的。设计前期一般叫概念设计或者方案设计，其工作重心主要是分析特定环境和特定需求，提出空间创意，寻求最佳解决方案，其直接工作对象是投资者和决策者。设计中期一般叫初步设计，其工作重心是深化表达，协调内部各专业的关系，满足外部的管理要求，其直接工作对象主要是各方建设主管部门。设计后期一般叫施工图设计，其工作重心是准确表达和给出细节，满足建造条件，其直接工作对象是施工单位和监理单位。

当然，不是所有的建筑设计都会走完上述三个阶段。因外部条件变化和建筑设计人自身的原因，建筑设计中途夭折是很正常的。也有一些被称为纸上建筑师的，虽然他们的作品从来没有被建造出来，但他们的创意大胆超前，在整个行业内往往也起着领袖的作用。

二、建筑设计的基本要求

1. 满足建筑功能要求

满足建筑物的功能要求（图7-2、图7-3），为人们的生产和生活活动创造良好的环境，是建筑设计的首要任务。

2. 采用合理的技术措施

正确选用建筑材料（图7-4），根据建筑空间组合的特点，选择合理的结构（图7-5）、施工方案，使房屋坚固耐久、建造方便。

3. 具有良好的经济效果

设计和建造房屋要有周密的计划和核算，重视经济领域的客观规律，讲究经济效果。房屋设计的使用要求和技术措施，

要和相应的造价、建筑标准统一起来。

4. 考虑建筑美观要求

建筑物是社会的物质和文化财富，它在满足使用要求的同时，还需要考虑人们对建筑物在美观方面的要求，考虑建筑物所赋予人们精神上的感受（图7-6）。

5. 符合总体规划要求

单体建筑是总体规划的组成部分，应

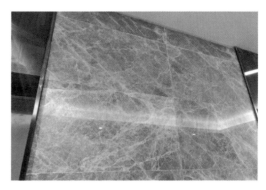

图7-4 建筑材料瓷砖

图7-2 电梯满足人们的出行要求

图7-5 建筑结构

图7-3 卫生间满足人们的生理需求

图7-6 建筑美观感受

图 7-7　建筑的总体规划 1

图 7-8　建筑的总体规划 2

符合总体规划提出的要求。建筑物的设计，还要充分考虑和周围环境的关系，例如原有建筑的状况、道路的走向、基地面积大小以及绿化等方面和拟建建筑物的关系。新设计的单体建筑，应使所在基地形成协调的室外空间组合，良好的室外环境（图 7-7、图 7-8）。

第二节　建筑设计的普遍过程

各个设计公司建筑设计的过程都不一样，但普遍的过程大致为：概念设计、方案设计、初步设计、扩初设计和施工图设计。

1. 概念设计

大家一起商讨，找到本次项目要表达的亮点和项目本身面临问题的大体解决方案，达到良好的成果，获得业主的认可。

2. 方案设计

逐步开始进入到实际的项目方案设计中去，具体研究如何在实际的客观情况下，表达自己的设计理念，展示设计亮点，尽可能多的让业主在概念设计中认可的部分真正的实施出来。方案设计一般分很多轮，逐步让原本虚化的想法落到实处。同时也是跟业主博弈的时候，这个阶段要考虑的

重点就是如何在多重客观因素的影响下让自己的设计方案表达清楚。

3. 初步设计

这是让自己的设计方案具体到实际工程中的第一步，与水、暖、电、结构等专业互相协调，与其他专业一起设计思考，可以首次解决方案中很多主要的问题。

4. 扩初设计

落实在初步设计中解决的设计中的问题，与此同时，解决一些细枝末节的问题，查漏补缺，尽可能在施工图设计之前把很多已经遇到的或者可能遇到的问题解决。

5. 施工图设计

经过前面的初步设计和扩初设计，解决了具体施工中的大部分问题后，就应该开始着手施工图的设计。如果前面两个阶段完成得比较满意的话，这一阶段基本就是画图。如果前面两个阶段由于项目时间紧而没有完成好或者没完成的话，这个时候就需要解决很多问题。包括五个专业间的互相协调，例如暖通需要风井、电需要电井、进而可能导致建筑的楼梯间面积不足，或者结构的柱子影响到了一些室内的使用等。这个时候，五个专业要通力配合，互相协调，进而完成施工图设计。

社会进步对建筑设计的影响

由于现代社会分工比较细化，很多设计公司或者事务所只做概念设计和方案设计。也有很多设计院只做施工图设计。由于我国城市化进程迅速，五个步骤完整走完的比较少，但是方案设计和施工图设计都是必须的。

最后施工图完成，业主拿去开始施工。

第三节　方案设计过程

方案设计过程主要是提出设计方案，即根据设计任务书的要求和收集到的必要基础资料，结合基地环境，综合考虑技术经济条件和建筑艺术的要求，对建筑总体布置、空间组合进行可能与合理的安排，提出两个或多个方案供建设单位选择。

一、收集资料与综合分析

1. 收集资料

收集资料这项工作内容比较多，因此实施起来也比较枯燥乏味。但我们之所以仍然要保持这项工作的进行，是因为只有在力所能及的范围内深入、系统地实施调研、分析，才可能获得对设计构思和设计处理至关重要的信息资料。

资料搜集包括现场勘测、测绘、查新（图书馆、网络资料）等。原始资料的搜集包括图文、论文、书籍等。

2. 综合分析

收集资料之后，我们要进行调研分析。通过必要的调查、研究和资料搜集，系统掌握与设计相关的各种需求、条件、限定及其实践先例等信息资料，以便更全面地把握设计题目，确立设计依据，为下一步的设计理念和方案构思提供丰富而翔实的素材。分析的对象主要包括以下内容。

(1) 区位及环境状况（与城市的关系、规模、周围及地段内的服务设施，包括商业、医疗、教育等）。

(2) 居民状况（收入、职业、居住选择因素等）。

(3) 居民交往（场地、位置、次数、意愿等）。

(4) 地段内的空间组织（空间类型、空间层次、空间的过渡方式，采用过街楼、植物围合、设大门等）。

(5) 地段的识别性设计（建筑风格、有无标志物、天际线、有无特殊的自然地形地貌、空间环境特色等）。

(6) 地段的交通环境（道路的形式、停车场位置、道路与住宅的接入方式等）。

(7) 垂直交通状况（数量、人均、等候时间、舒适度等）。

(8) 活动空间设计（位置、设置项目、居民使用情况、使用率、满意程度、特殊的细部处理等）。

(9) 住宅设计（户型、面积、楼电梯位置、单元入口、材料、色彩等）。

二、设计构思与方案选择

1. 设计构思

在设计构思之前，我们要考虑到底想要设计什么样的建筑，这就是设计理念。设计理念有两种出发点，一是"以人为本"的出发点，即基于人们行为的考虑，或是改善生活的或是改变行为方式的。这种方法往往会是一种实验性的尝试，通过建筑语言和空间来改变人们的行为方式。二是对于氛围的想象。这种氛围是基于基地、联系文化和设计师自身体验和审美的一种产物。每个设计师在设计之前都有关于氛围的想象，从一个模糊的画面通过深入推进成为一个真实可呈现的建筑环境。

方案构思的主要过程为以下几点。

(1) 线性发展阶段。注意平面、立面、透视之间会产生互动 (图 7-9)。所以我们在构思的过程中，不能一味的以某一方向向前走，在这种方法中，建筑形象往往受制于平面。

(2) 形式优先。先从总图到体量，红线内的布局，建筑与周边建筑间的关系、朝向，按容量、关系及边界控制形成三维模块。在体量上进行雕琢，在透视要求下反推平面轮廓、安排功能。在平面轮廓及

房间安排下布置柱网，利用出挑造型。

(3) 空间塑造。空间与人的关系往往大于其形式的作用 (图 7-10、图 7-11)。这种方法首先在想象内部空间的感觉的同时要保持平面与空间同时推进，在更大范围中对建筑的行为进行思考。

(4) 剖面推进。平面、剖面、空间联合推进。

(5) 表皮效果。某些投巧的设计，内部平面比较一般，凭借外部的表皮获得了某种状态。这种方法给我们的启示是，这是一种从主结构向外挑出的构造关系，这种构造本身是有表现力的，这样的构造关系在建筑实践中是普遍存在的。消极影响是，我们又会困惑，究竟好的形式是什么样的？

(6) 综合磨合。空间、平面、透视、结构、

图 7-10　建筑内走廊

图 7-9　建筑平面之间的互动

图 7-11　建筑外部人行过道

方案与付出时间成正比

小/贴/士

没有什么设计是毫不费力就能做出来的，再好的想法也需要时间、精力去完善，否则就只是想法而不是设计。方案是改出来的，其实最早的出发点并不是那么重要，重要的是我们的处理方式。一个大胆新奇的想法会给我们的方案加分，但却不是决定的因素。所以一旦在开始确定好建筑的出发点后，就一定要坚持，如果觉得它不够好，不要随意去更换，而是思考如何让它变得更好。

设计成果与我们的付出时间成正比。每个设计的过程都是一个痛苦的挣扎，选择、推翻、再次选择、再次推翻，直至接近理想化的过程。如果不存在痛苦的挣扎那也就无所谓设计了，这种过程是每个学设计的人都会经历的。

构造、剖面是要同时去想的。先行的部分往往与概念相关，但也会有一定可松动的余地，构造是从前一个方法中的表皮延续下来的。如果构造不想清楚，立面是画不出来的，至少不是画出来的样子，构造对设计有限制又有帮助。

2. 方案选择

方案设计是一个过程而不是目的，其最终目的是取得一个理想而满意的实施方案。如何验证某个方案是好的，最有说服力的方法就是进行多个方案的分析与比较，这就是多方案的必要性。

(1) 多方案的基本原则。提出数量尽可能多，差别尽可能大；方案应该是在满足功能与环境需求的基础上产生的，在方案尝试阶段就要进行必要的的筛选，避免浪费时间和精力。

(2) 方案选择方法。比较设计要求的满足程度，是否满足设计的基本要求；比较个性特点是否突出，具有个性特点的建筑更能吸引人和打动人；比较修改调整的可行性，尽量选择缺陷较少、较易修改的方案。

三、调整优化与方案实施

1. 调整优化

在选择了方案后，我们要进行全面的分析和评价，从而掌握方案的特点，明确设计的方向，然后进行发展方案的调整与修正。这种调整是通盘而综合的调整，其目的是从根本上解决问题。但对于方案的总体布局、动线组织和体块关系所体现的大的结构框架已经基本成型，并通过了多方案比较的检验，对它的调整与修改应该控制在适度的范围内，只限于个别问题的局部方面，不应影响或改变方案的大构思和大格局。

方案调整的内容：方案调整的重点是目前设计存在的问题，而不是尚未展开的部分，如立面设计、剖面设计等。总图的调整应着眼于理顺功能布局关系、各部分于地段中的位置关系、室外动线组织以及重要外部空间的位置、形状和大小等。平面调整的关注点应包括平面布局、内部动线组织和各空间单元的位置、形状和大小等，造型调整应重点关注大的体块关系和虚实关系等。

2.方案实施

经过构思阶段多种设想的分析、比较和方案调整的彻底整理之后，设计便进入了完善实施阶段。需要确立合理的内部功能组织、结构构造、空间组织以及与内部相协调的建筑体量关系和总体布局。

方案实施的内容主要包括对建筑平面、剖面、立面以及详图的推敲和深化。具体内容包括总平面中建筑体量以及室外的出入口、道路、绿地、铺地、小品的环境设计；平面图中的功能尺寸、围护结构厚度、家具陈设等；剖面图中空间的组织、标高等；立面图中的墙面材质、门窗位置和虚实关系等；详图中结构与构造形式等。

设计实施过程需要经过细部深化与方案调整的多次反复，并最终通过绘制图纸、制作模型、制作多媒体动画等方式，将设计成果充分地展现出来。

第四节 案例分析

一、农村住宅设计案例分析

1.收集资料与调研分析

首先我们了解一下该地区的大致环境如何，进行现场勘测、测绘。可以观察一下附近农村住宅修建的特点，然后根据收集到的资料进行分析。

2.设计构思与方案选择

结合业主的要求，我们进行初步构思，因为地处于农村，属于住宅设计，所以设计理念是"以人为本"，即重点在于人的居住舒适度。最后选择了三层别墅式的设计方案（图7-12～图7-14），该方案在考虑建筑美观的同时，又充分兼具了生活上的便利程度。

3.调整优化与方案实施

将此方案与业主沟通交流，完善不全面的地方，最后进行方案实施。包括对建筑平面（图7-15～图7-17）、剖面（图7-18、图7-19）、立面（图7-20～图7-23)的绘制。

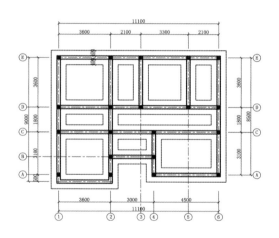

图7-12 房屋基础结构图构思

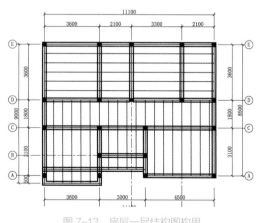

图7-13 房屋一层结构图构思

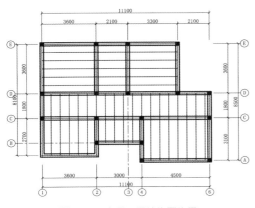

图 7-14 房屋二层结构图构思

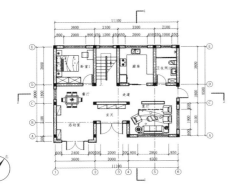

图 7-15 房屋一层平面布置图

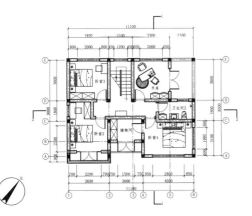

图 7-16 房屋二层平面布置图

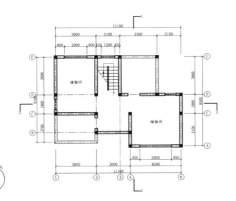

图 7-17 房屋三层平面布置图

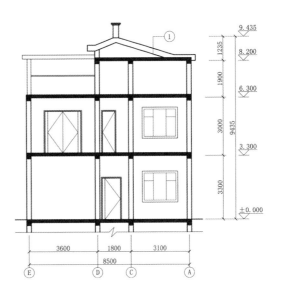

图 7-18 房屋剖面图 1

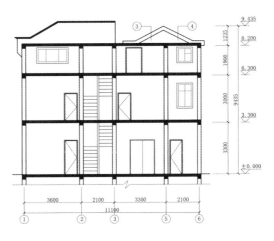

图 7-19 房屋剖面图 2

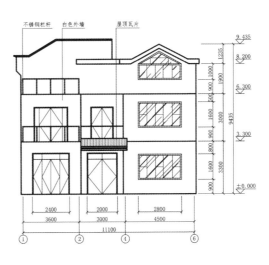

图 7-20 房屋西立面图

151

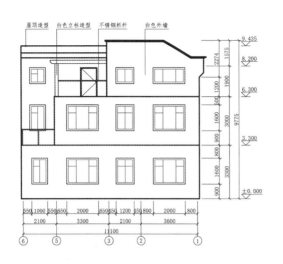

图 7-21　房屋东立面图

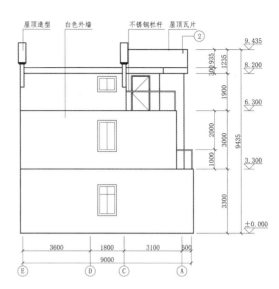

图 7-23　房屋北立面图

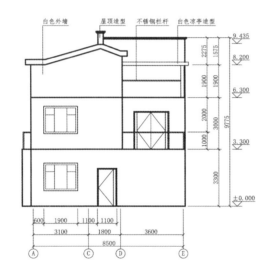

图 7-22　房屋南立面图

然后绘制大样图，包括楼梯栏杆大样图（图 7-24）、梁柱配筋图（图 7-25)、节点大样图（图 7-26、图 7-27)、地面基础节点大样图（图 7-28)、屋顶坡面节点大样图（图 7-29)、楼梯各部分节点图（图 7-30)、楼梯配筋图（图 7-31)。

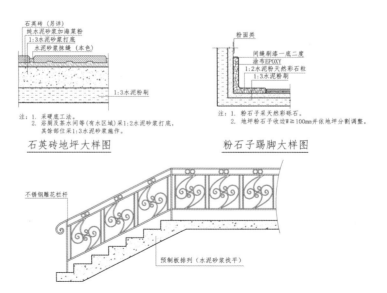

图 7-24　楼梯栏杆大样图

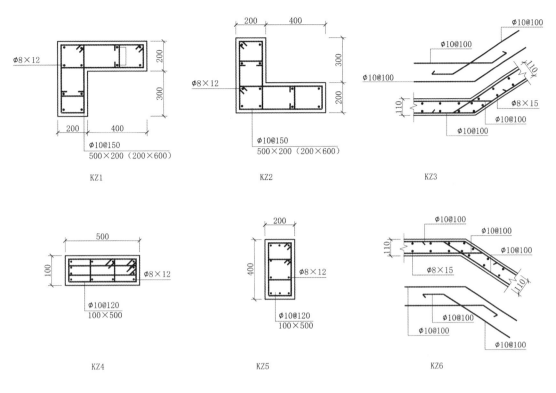

KZ1　　　　　KZ2　　　　　KZ3

KZ4　　　　　KZ5　　　　　KZ6

图 7-25　梁柱配筋图

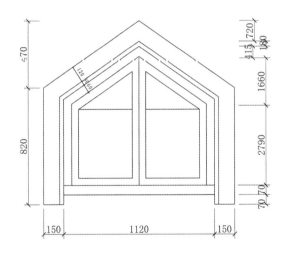

老虎窗立面图

阳台柱断面

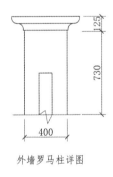

外墙罗马柱详图

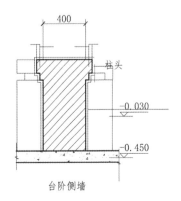

台阶侧墙

图 7-26　节点大样图 1

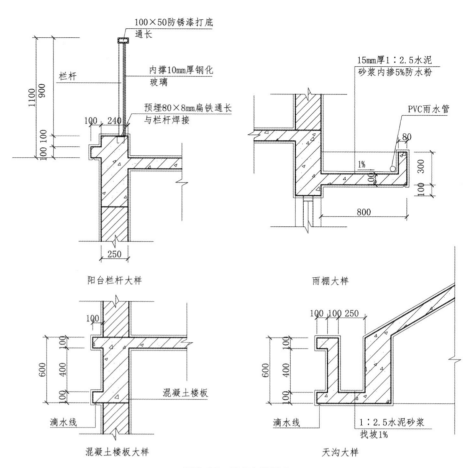

图 7-27 节点大样图 2

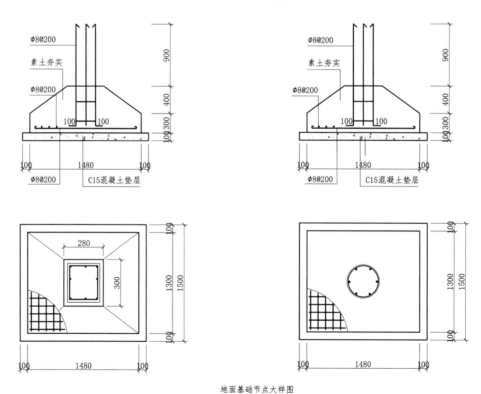

地面基础节点大样图

图 7-28 地面基础节点大样图

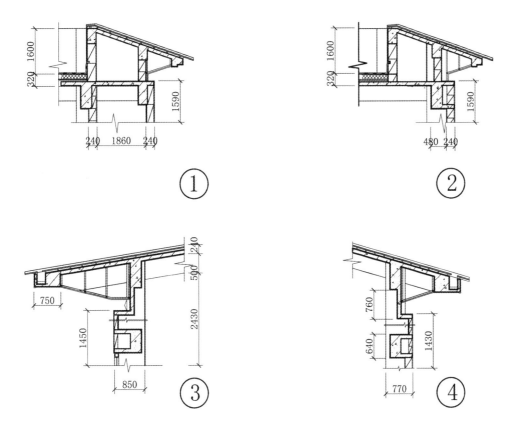

图 7-29 屋顶坡面节点大样图

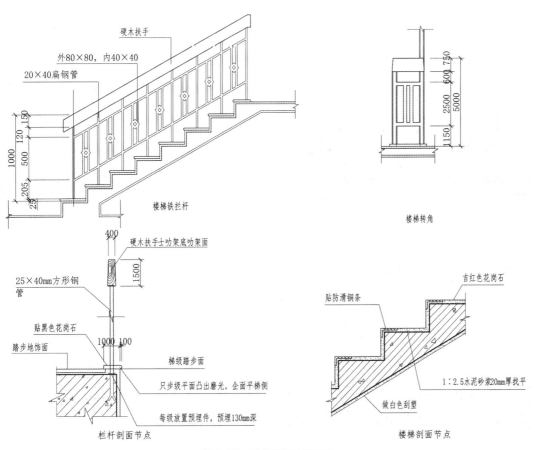

图 7-30 楼梯各部分节点图

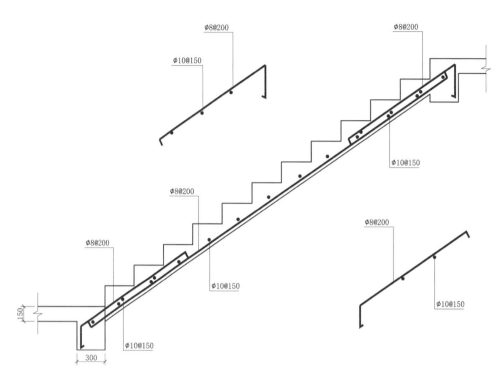

图 7-31　楼梯配筋图

4. 建筑完成实图 (图 7-32 ~ 图 7-35)

图 7-32　农村三层别墅正面图

图 7-34　农村别墅细节图 1

图 7-33　农村三层别墅侧面图

图 7-35　农村别墅细节图 2

二、庭院设计案例分析

1. 设计过程

设计过程与上文农村别墅大致相同，但比农村别墅简单，主要有收集资料、调研分析、方案初步构思等过程。通过与附近居民的交流，收集到多方面意见，最后确定了方案。以下是该庭院的基础结构图（图 7-36）、地面铺装图（图 7-37）、平面布置图（图 7-38）和剖面图（图 7-39）。

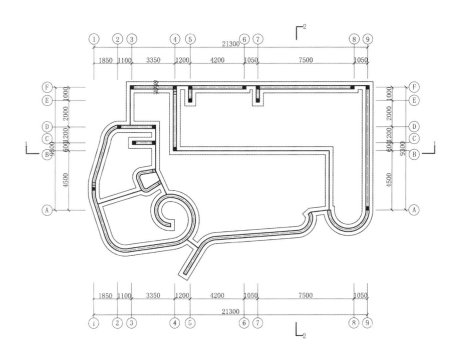

图 7-36　庭院基础结构图

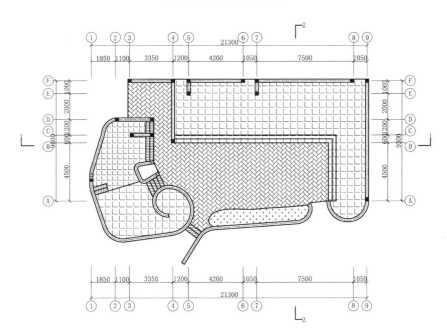

图 7-37　庭院地面铺装图

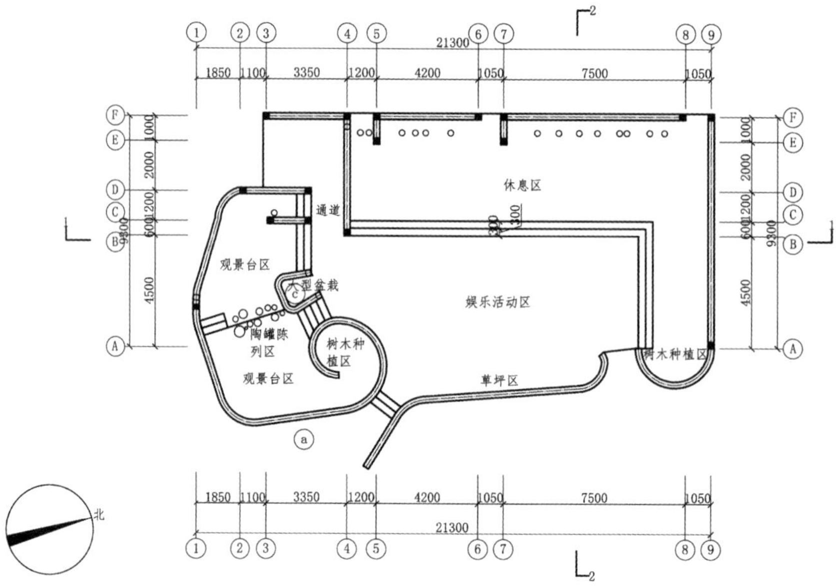

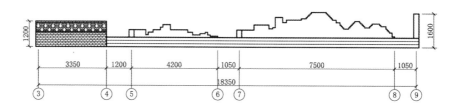

图 7-38　庭院平面布置图

图 7-39　庭院剖面图

其次是庭院的大样图绘制，包括地面排水沟做法详图（图 7-40）、各部分大样图（图7-41、图7-42）。

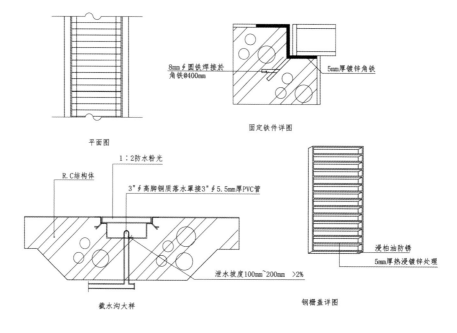

图 7-40　庭院地面排水沟做法详图

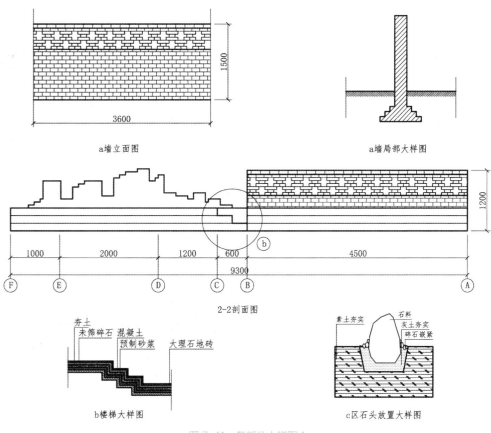

图7-41 各部分大样图1

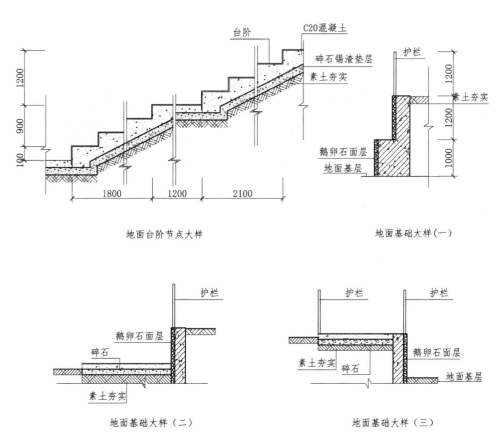

图7-42 各部分大样图2

2. 庭院完成实图 (图 7-43 ~ 图 7-48)

图 7-43　庭院全景

图 7-46　庭院树木种植区

图 7-44　庭院休息区

图 7-47　庭院娱乐活动区

图 7-45　庭院陶罐陈列区

图 7-48　庭院草坪区

思考与练习

(1) 简述建筑设计的意义。

(2) 概括建筑设计的一般过程。

(3) 建筑设计中，方案设计的大致过程是什么？

(4) 进行简单的一居室设计，要求表明自己的设计理念以及设计方案。

参考文献
References

[1] 梁思成.中国建筑史 [M].天津：百花文艺出版社，2005.

[2] （英）派屈克·纳特金斯.建筑的故事 [M].杨慧君，等，译.上海：上海科学技术出版社，2001.

[3] 田学哲.建筑初步 [M].北京：中国建筑工业出版社，2006.

[4] 潘谷西.中国建筑史 [M].北京：中国建筑工业出版社，2004.

[5] 褚冬竹.开始设计 [M].北京：机械工业出版社，2007.

[6] 汉宝德.中国建筑文化讲座 [M].上海：生活·读书·新知三联书店，2006.

[7] 乐荷卿，陈美华.建筑透视阴影 [M].长沙：湖南大学出版社，2003.

[8] 黄元庆，朱瑾.建筑风景钢笔画技法 [M].上海：中国纺织大学出版社，2003.

[9] 彭一刚.建筑绘画及表现图 [M].北京：中国建筑工业出版社，1999.

[10] （荷）赫曼·赫茨伯格.建筑学教程:设计原理 [M].天津:天津大学出版社，2003.

[11] （美）约翰·O·西蒙兹.景观设计学———场地规划与设计手册（第三版）[M].北京：中国建筑工业出版社，2000.

[12] 刘先觉.现代建筑理论 [M].北京：中国建筑工业出版社，1999.

[13] （美）拉索.图解思考———建筑表现技法（第三版）[M].邱贤丰，等，译北京：中国建筑工业出版社，2002.

[14] 沈百禄.建筑装饰装修工程制图与识图 [M].北京：机械工业出版社，2007.